JN257457

# 地震と火山の基礎知識

## 生死を分ける60話

Shimamura Hideki
島村英紀

花伝社

# 地震と火山の基礎知識——生死を分ける60話◆目　次

## 第1部　地震と火山

## 第2部　これだけは知っておこう地震・火山の恐怖

## 第3部 暮らしと震災——地震列島・火山列島に暮らす日本人

## 第4部 地球物理学の豆知識

# はじめに

このところ、日本列島で地震や火山が騒がしくなっている。

私たち地球物理学者から見ると、じつは日本列島のいままでの約百年が地震活動も火山活動も「異常に静かすぎた」のである。いま起きていることは、地震や火山の活動が「日本列島としては普通の状態に」戻っている過程というべきなのである。

いままで「静かすぎた」原因にはいくつかの学説はあるが、学問的には確定されていない。しかし二〇一一年三月に起きた超巨大地震、東北地方太平洋沖地震（東日本大震災）が日本列島の地下全体に拡がっている基盤岩を一挙に、しかも大きく動かしてしまった。このことが、以後の地震や火山の活動に、じわじわ、影響を及ぼしていることは確かなことである。

本来ならばプレートが動き続けていることによって、年に四センチとか八センチとか、ゆっくり歪みがたまっていくのに、東北地方太平洋沖地震は一挙に数十センチから、場所によっては五メートルを超えるくらい、一挙に基盤岩を動かしてしまったからである。

日本列島に住むことは、地震や火山とともに生きなければならないということでもある。私たちはプレートの動きの「恩恵」も数多く受けている。たとえば四季のはっきりした気候も、登山や温泉を楽しめることも、水が豊富できれいなことも、肥沃な土地や水に支えられる農業も、豊富な地熱もプレートの動きの恩恵の一端である。しかし他方で、大地震や火山噴火という災害もときには受けざるを得ない。

地震や火山について知識を得ることは、それらが起こす災害に備えるためにも必要なことであろう。地球物理学は日進月歩の学問である。この本では、学問の最前線の話題を集めた。

これからも日本を襲ってくる地震や火山噴火に備えるために本書が微力ながら役立てば、著者としては嬉しいことである。

# 第１部　地震と火山

# 1 人工的に起きたオクラホマの誘発地震

地震学の教科書には、「米国では西岸のカリフォルニア州と北部のアラスカ州だけに地震が起きる」と書いてある。

しかし情勢は変わった。二〇一四年六月には米国南部にあるオクラホマ州で起きた地震が全米一になったのだ。

オクラホマ州では二〇〇八年までの三〇年間に起きた地震は、ごく小さなマグニチュード3まで数えても二回しかなかった。つまり先天的な無地震地帯だった。

だが二〇〇九年には二〇回、二〇一〇年にはさらに増えて四三回の地震が起きた。その後ほとんど毎年増え続けて二〇一四年は、六月一九日までに二〇七回に達した。

この数は二〇一四年の同じ期間でのカリフォルニア州の一四〇回を抜いた。全米一になったのだ。

地震の数が増えるとともに、最近は大きめの地震も混じるようになっている。七月一二日にはマグニチュード4・3の地震が起きた。

米国で地震観測を担当するのは米国地質調査所だ。その専門家は「過去半年の地震発生頻度を見ると、さらに大きく破壊的な地震の発生を懸念する理由は十分にある」と警告した。

このほか二〇一四年七月一二日から翌日にかけて七回の地震が相次いだ。棚から物が落ちたり、建物に亀裂が入った。いままで地震がなかっただけに、結構な騒ぎになっている。

震源は州都オクラホマシティーから北に隣接するローガン郡にかけて拡がり、震源の深さは八キロと浅い。

私が地震学者として思い当たるのはシェールガスの採掘である。前から私が指摘してきたように、近年シェールガスの採掘が盛んになった米国各地で、いままでに起きなかった地震が頻発している。

オクラホマ州の北東にあるオハイオ州でも地震が起きだしている。同州北部のシェールガス井の周辺だけで起きている地震だ。

ここでは二〇一一年一二月三一日に同州でかつて起きたことがないマグニチュード4・0の地震が発生した。このためこの地震後に、その掘削井戸から半径八キロ以内の注入井にまで井戸の閉鎖を拡大した。

そのほか二〇一一年にはアーカンソー州でも大規模な群発地震が発生して、当局は注入井二ヵ所の操業を一時停止させた。

米国内陸部のアーカンソー州、コロラド州、オクラホマ州、ニューメキシコ州、テキサス州でマグニチュード3以上の地震が、二〇一一年段階ですでに二〇世紀の平均の六倍にも増えている。いずれもシェールガス採掘が最近盛んになった州だ。

シェールガス採掘には「水圧破砕法」という手法が使われている。化学物質を含む液体を地下深くに超高圧で注入して岩石を破砕する手法だ。これによってシェール（頁岩《けつがん》）層に割れ目を作る。そこから層内の原油やガスを取り出すという掘削法である。

シェールガス採掘には限らない。石油や天然ガスの掘削、ダム、廃液の地下投棄……。地球内部に影響を及ぼすような人工的な作業が地震を起こす例はこのところ世界的に増えている。

さて、地震がなかった米国内陸部でも被害地震が起きるのだろうか。

## 2 未来エネルギーが引き起こす「人為的地震」

一時は原油枯渇の救世主としてもてはやされていたシェールオイルは、このところ逆境にある。

シェールオイルとは泥や土が堆積《たいせき》してできたシェール層に含まれる原油だ。この層は地下数百〜数千メートルにある。超高圧の水や酸や化学薬品を注入してシェール層に亀裂を入れ、原油などを取り出す「水圧破砕法」と呼ばれる手法が今世紀に入って確立されて採掘が加速していた。

トップを走っていた米国では二〇一一年にシェールオイルの生産量が日産一二〇万バレルだったが、二〇一四年には四五〇万バレルと急拡大した（なお、一バレルは約一五九リットル）。

だが米国内務省は二〇一五年三月に連邦政府の土地でシェールガスやシェールオイルを採掘する企業に対し、地中に高圧をかけて注入する水に含まれる化学物質の開示などを求める新規制を発表した。水圧破砕法が地下水や土壌を汚染するのを防ぐねらいである。かねてから環境保護団体が、環境に悪影響を与えると訴えていた。

そのほか水圧破砕法によって近隣住民の入院率が高まり、がんの発症リスクも増加するという研究を米国ペンシルバニア大学などのチームが科学誌に掲載した。二〇一五年七月のことだ。ニューヨーク州では水圧破砕法を事実上禁止する方針だという。これも環境汚染への懸念からだ。米国バーモント州や欧州の一部諸国ではすでに禁止されている。

ところで原油価格が世界的に急落したことで、シェールオイル・ガスの掘削がコスト割れしてブームが急速に下火になった。北米で稼働中の掘削装置の数は約六五〇基で、一六〇〇基を超えていた二〇一四年一〇月のピーク時から六割も減った。

伊藤忠商事も六月に、米国でのシェールガス事業から撤退した。日本の大手商社がシェールオイル・ガス事業から撤退するのは初めてである。

それだけではない。二〇一五年八月、カナダのブリティッシュコロンビア州原油・ガス委員会(石油・ガスの規制当局)は二〇一四年八月にカナダで起きていたマグニチュード4・4の地震が、水圧破砕法が引き金となって起きたものだと断定したことが報じられた。

この地震は水圧破砕法による地震としては世界最大級である。震源の近くだとかなりの被害を生じかねない大きさの地震だ。将来、もっと大きな地震が起きる可能性もある。そもそもカナダは地震がほとんどない国だ。建築や土木構造物も日本のような耐震構造にはなっていない。

この地震の前、二〇一四年七月にもマグニチュード3・9の地震が起きたが、この地震も水圧破砕法によって起きたと考えられている。前にこの連載で書いたように、米国各地で同じような地震が起きている。

シェールオイル・ガス採掘は踏んだり蹴ったりに見える。さて、将来のエネルギーの期待の星はどうなるのだろう。

# 3 見極めにくい火山性地震

気象庁は日本のどこかで震度5弱以上の地震が起きると、昼夜を問わず記者会見を開いて起きた地震について説明することになっている。このため東京千代田区にある気象庁では課長か課長補佐がネクタイやスーツを用意して交代で泊まり込んでいる。

二〇一五年七月八日には北海道南部にある白老《しらおい》町で震度5弱を記録した地震があって記者会見が開かれた。

気象庁は火山との関係はないという。東日本大震災の三日後に富士山の直下で大きな地震が起きて地元で震度6強を記録したときも震源は富士山直下とは言わず「静岡県東部」と発表した。

今回のマグニチュードは6・8、震源の深さは気象庁の発表で「ごく浅い」。つまり深さが決められないくらい浅かったということだ。

不思議なのは震源の位置だった。白老町は太平洋岸にあり、震源から二〇キロも南に離れている。だが震源は支笏《しこつ》湖のすぐ南、つまり樽前《たるまえ》山（一〇四一メートル）の直下にあったのだ。白老の震度が最大震度として記録されたのは震度の観測点が近くにはなかったからだ。

樽前山は活火山で、噴火するのでは、と近年、緊張が高まっている。山頂は立入禁止になっている。頂上に熔岩ドームがシルクハットのような形でそびえていて、噴火でこのドームが崩れると大規模な火砕流が起きて山麓の苫小牧市などを襲う可能性が高い。

もし樽前山が噴火をしたら函館から札幌へ行くＪＲのほか近くの新千歳空港も使えなくなる。つまり本州と札幌を結ぶ北海道の大動脈が切られてしまうことになる。過去の大噴火のときには火山灰は日高山脈を越えて道東にまで降った。

じつは地震学的には、起きた地震が「火山性地震」なのか、普通の地震（学問的には「構造性地震」という）かを見分けることは難しい。

この八日の地震も、起きた場所といい、起きた深さといい活火山と関係があるのではないかという嫌疑は強いが、それを見分ける根拠はない。このへんで浅い構造性地震が起きることは珍しいだけに、火山との関連が疑われるのだ。

もちろん樽前山を監視するために、さまざまの火山現象をとらえるための監視も行われている。それらに変化があれば「火山情報」が出されることになっている。いまのところは「情

北海道・樽前山の山頂の溶岩ドーム。噴火で崩れたら火砕流を出す。手前は支笏湖＝島村英紀撮影

報」は出ていない。

震源の近くに観光地「苔の洞門」がある。岩が両側に切り立った昼なお暗い通路にびっしり苔が生えている奇観だ。これは一七三九年に樽前山が大噴火して大量の火砕流が積もってできた溶結凝灰岩《ようけつぎょうかいがん》が、その後の土石流で侵食されて作られた深い枯れ沢である。

八日の地震で洞門の観覧台近くで一メートルを超える岩が崩れ落ちたほか、洞門内部でも四、五ヵ所で崩落が確認された。

幸い地震が起きたのが午後六時すぎで現場の営業は終わっていた。観光客はおらず、けが人はなかった。もし数時間早かったら悲劇が起きていたかもしれない。

# 4 スペインで実例、地下水が誘発する地震

## ——東京では水位が近年上昇

上野駅の新幹線地下ホームには床に三万三〇〇〇トンもの鉄板を敷き詰めてある。地下水によって上野駅が浮き上がってしまわないための重しを後から追加したものだ。

東京駅も同じだ。ここでは総武線ホームが地下五階なのに地下水位は地下三階付近まで上がってきている。こちらは鉄製おもりを置いただけでは足りなくて一九九九年には一三〇本もの「グラウンドアンカー」というものを地中に打ち込んで浮上を止める工事が行われた。

それだけではない。千代田区にある東京駅から品川区の立会川まで地下に導水管が敷設されて、地下水を放流している。立会川は典型的な都市型中小河川なのでふだんは水量が少なく、そのため悪臭を発生するのが問題だったから助かったことになる。

しかしJRはもっと「助かった」。もし東京駅近辺で下水に放流したら多額の下水道料金を払い続けなければならなかったからである。上野駅でも湧出地下水を近くの不忍池《しのばずのいけ》へ導水管を使って放流している。

もともと東京は江戸時代以前から地下水が豊富だった。それゆえ都市が発達できたのだ。しかし工業用地下水など大量に汲み上げが続いて「ゼロメートル地帯」が増えるなど地盤沈下の問題が深刻になった。

このため一九六一年以降、地下水の揚水や水溶性天然ガス採取が厳しく規制されるようになった。

その結果、問題だった地盤沈下は止まった。だがそれとともに、いままで下がり続けていた地下水位が近年、各地で上がってきているのだ。

上野駅や東京駅近辺だけではない。墨田区で四五メートル、新宿区で三九メートル、板橋区で六〇メートルなど、軒並み数十メートルも地下水位が上がってきている。

このため地下建造物、つまりトンネルやビルの地下構造部に流れ込む湧水も増えている。ほとんどのところでは汲み上げて下水に流すしかない。これら湧水は東京ドーム約九〇〇杯分。東京都が二〇一二年度に徴収した下水道料金の総額は約一七〇〇億円にものぼった。

ところで地下水位の変化がスペインで地震を起こしたことがある。襲われたのは同国南東部ムルシア自治州にある人口約九万人の地方都市ロルカ。この都市を中心に地下水の汲み上げが続いて地下水位が一九六〇年代から約二五〇メートルも低下していた。

東京駅。地下５階まで列車が走っているが、地下水は地下３階まで上がってきている＝島村英紀撮影

これにともなって地盤が沈下することで年々ゆがみがたまり、地下水を汲み上げていない北側の地盤が乗り上がる逆断層型の地震が起きたのだ。

地震は二〇一一年五月に発生。建物が倒壊して九人が死亡したほか百人以上の負傷者が出た。マグニチュードは５・１だったが震源の深さは二～四キロとごく浅い直下型地震だった。そのため地震の規模のわりに被害が大きく、スペインでは一九五六年以来の被害地震になってしまった。

地下水は地下に大きな力をかける。その地下水の量が変化することで地震が誘発されることは十分に考えられる。

東京の地下水位の低下が止まって、近年上がってきたことが、東京の直下型地震にとって吉と出るか凶と出るか、地震学者は気になっているのだ。

## 5 日本海溝に迫る大地震予備軍「海山」

二〇一四年八月、太平洋中部で新しい海山《かいざん》が発見された。まだ名前はない。五五〇〇メートルの深さの深海平原から立ち上がっている高さ一一〇〇メートルの山だ。山頂付近の傾斜は二三度。山頂は富士山のように凸凹しているが、全体としてはなかなか形のいい孤立峰である。

これがもし陸上だったら、高さ一〇〇〇メートルもの山が、いままで見つかっていないことはあるまい。しかし海底ではこのくらいの山が「発見」されることは珍しいことではない。超音波を使って精密に調べなければ海底地形が分からないからである。

見つかったのは米国領ジャービス島の東南三〇〇キロ、太平洋のほぼ真ん中だ。島は長いところで二キロあまりしかない無人の小島だが、国立野生動物保護区になっている。米国はこの周辺で排他的経済水域の調査をしているときにこの海山を見つけた。

太平洋の底は太平洋プレートで覆われている。プレートは東太平洋にある海嶺《かいれい》で生まれ、年に八センチほどの速さで北西に動いている。終着地は日本の東にある日本海溝や千島海溝だから、この辺ではほぼ半分だけ進んだところになる。この海山はプレートが生まれたときに作られたに違いないから、約一億年かかってここまで動いてきた。ちなみにジャービス島は海山がずっと大きかったので山頂部分にサンゴ礁が着いて島になっているものだ。

ほぼ平らな太平洋の海底に海山は数多く、それぞれがプレートに乗って日本海溝や千島海溝に押しよせてきている。

たとえば千葉県犬吠埼東方約一六〇キロの日本海溝にある第一鹿島海山は富士山なみの大きな海山だが、プレートに乗って海溝にぶつかったときに、うまく沈み込めなくて割れてしまった。

山体の西半分が正断層を作って割れて海溝に崩落している。その崩落した部分の海溝が浅くなっているだけではなくて西側の海溝壁には海山から崩落した岩石が散乱しているのだ。しかし、いずれは海山の本体が日本海溝に呑み込まれる。

ここから西側の海底には複数の膨らみがある。これらは昔、別々の海山が沈みこんでいった名残にちがいない。

ところで、こうして海山が海溝にひっかかってから最終的に沈みこむまで大きな地震エネルギーを溜め込んで、それを一気に放出するのではないかという学説がある。

東北地方太平洋沖地震（二〇一一年、東日本大震災）はまれに見る巨大な地震だった。この地震が起きる前、プレートの境界が半径七〇キロほどの範囲でしっかりくっついていたことがわかったのだ。

この部分は太平洋プレートに乗ってきた古い海山で、これが引っかかることによって大きな地震エネルギーを蓄積したのではないかと考えられているのである。

第一鹿島海山の「後続」として香取海山、第二から第五までの鹿島海山、磐城《いわき》海山などが、日本海溝に迫ってきている。これらもいずれは日本に大地震を起こす予備軍なのであろう。

## 6 首都直下 静穏期間終わった

二〇一四年九月一六日午後、茨城県の地下五〇キロほどのところでマグニチュード5・6の地震が起きた。この地震で近隣三県のかなり広い範囲で震度5弱を記録した。怪我人が一一人出たほか、崖が崩れて自動車が埋まった。

江戸時代から現在までの首都圏の地震活動を見ると、不思議なことに関東地震以来の九〇年間は異常に静かだったことが分かる。たとえば東京の気象庁（千代田区大手町）では二〇一四年までの九〇年間に震度5を記録したのは東北地方太平洋沖地震（二〇一一年、東日本大震災）と二〇一四年五月の伊豆大島近海の地震を入れても四回しかなかった。

じつは関東地震とよく似た海溝型地震である元禄関東地震（一七〇三年）のあとも約七〇年間、静かな期間が続いたのだ。

その後、関東地震までは地震ははるかに多かった。江戸時代中期の一八世紀から二四回ものマグニチュード6クラス以上の地震が襲ってきていたのだ。被害地震も多かった。平均すれば、なんと六年に一度にもなる。

つまり首都圏で起きた海溝型の地震である関東地震と元禄関東地震以後、大きい地震がほとんどない状態が続いていたのである。

首都圏の地下には、プレートが三つ（太平洋プレート、北米プレート、フィリピン海プレート）も同時に潜り込んでいて、それぞれのプレートが地震を起こすだけではなくて、お互いのプレートの相互作用で地震を起こす。つまり、いろいろな場所のいろいろの深さで何種類もの地震断層が地震を起こしているのだ。今回の茨城県の地震は茨城県の太平洋沖にある日本海溝から潜り込んだ太平洋プレートが茨城県の地下で起こした。

世界では二つのプレートが衝突しているために地震が多発するところはある。しかし三つのプレートが地下で衝突しているところは少なく、なかでもその上に三〇〇〇万人もの人々が住んでいるところは、世界でもここにしかない。

つまり首都圏は「地震が多くて当たり前」のところなのである。

このほかに東北地方太平洋沖地震の影響がある。マグニチュード9という巨大な地震は東日本全体を載せたまま北米プレートを東南方向に大きく動かしてしまった。首都圏でも三〇～四〇センチもずれた。このために、日本列島の地下の状態が変わってしまったことになる。各所に生まれたひずみが地震リスクを高めているのである。

不幸中の幸いだったが今回の地震は震源がやや深かった。このためマグニチュードのわりに地表での揺れが小さく、被害も限られていた。しかしもっと浅い地震は過去にも起きたし、これからも起きる可能性が高い。

その前の月も栃木県北部で局地的には震度5弱の地震が起きた、そして今回の震度5弱。首都圏は一時の静穏期間が終わって、いわば「いままでよりは多い」そして「プレートが三つも入り組んでいる場所としては普通の」状態に戻りつつあるのだろう。

# 7 御嶽山の噴火予知が失敗したワケ

二〇一四年九月二七日に長野・岐阜県境にある御嶽山（三〇六七メートル）がいきなり噴火して、死者・行方不明者が六〇名を超えるという戦後最大の火山災害になってしまった。

御嶽山は信仰の山として昔から知られているほか、日本でいちばん西にある標高三〇〇〇メートルを超える山なのに、道路やロープウェーを使って簡単に登れることから、多くの登山客が訪れるところだ。

しかし、この二〇一四年の御嶽山の噴火予知には失敗した。気象庁が火山ごとに発表している「噴火警戒レベル」１（平常）という登山もしていい状態からいきなり噴火したので、火山活動の被害としては戦後最悪の規模になってしまった。気象庁が警戒レベルを３（居住地域近くまで生命に危険の及ぶ噴火が予測されたり発生したりする）に引き上げたのは噴火の四〇分も後だった。

じつは火山の噴火予知は学問的にはまだまだの段階なのである。

火山は山ごとに違う性質を持っていて、なかには噴火予知に成功した例もある。しかし、予知に失敗して今回のように不意打ちの噴火が起きてしまった例も世界的に数多い。

いちばん成功した例としては北海道・室蘭の近くにある有珠《うす》山がある。二〇〇〇年に噴火したときは事前の警告で住民が避難して死傷者は一人も出なかった。

有珠山は歴史上知られている七回の噴火すべてで、近くに有感地震が起きだしてから一〜二日以内に噴火した。つまり経験的に噴火予知ができる火山なのである。だがこの有珠山でさえ、噴火に至る学問的なメカニズムは分かっていない。

また鹿児島・桜島のように、年に数百回も噴火する火山では、大学による精密な観測網が敷かれているうえに蓄積した経験も豊かなので噴火予知が成功した例が多い。

しかし、有珠山にせよ桜島にせよ、噴火予知はせいぜい数日前にしかわからない。数週間以上前には、何も分からないのが実情なのである。

そして、このほかの日本のほとんどの火山では今回の御嶽山と同じように噴火予知が出来なくて不意打ちになる可能性が高い。

これは火山ごとに性質が違うためだ。ひとつの火山で使えた予知の方法が、ほかの火山では役に立たないことが多い。実情は、地下で起きている「事件」が精密に分からなくても「実用

2014年9月に噴火した御嶽山。山頂付近に白っぽく見えるのは2014年の水蒸気爆発で噴出した火山灰。右側の谷筋に見えるのは今回の火砕流が流れた跡。長野県蓼科から撮った＝島村英紀撮影

的な噴火予知」だけはいくつかの火山で成功してきた、ということなのだ。

このためいまの学問水準では、火山を監視するには多様な経験と豊富な知識に裏付けられた判断能力が必要だ。有珠山も桜島もそれぞれの地元の大学が「ホームドクター」のように経験を蓄積していたから可能になった。

ところが二〇〇七年に気象庁が五段階の警戒レベルや、それに応じての「噴火警報」が出される仕組みを作って前面に出ることになった。

だがそれぞれの警戒レベルを決める客観的で数値的な基準もない。そのうえ地震や火山噴火などの専門教育を受けた気象庁の職員はごく少ない。庁内の人事異動で気象など他部門から火山監視に配置換えになることも多い。経験も知識も十分ではない可能性が高い。

つまり5段階の警戒レベルや噴火警報を出す仕組みこそ出来てしまっているのに、肝心の噴火予知がいまだあてにならない。気象庁が噴火警報を発令するのを待って避難すればいいということはない。そのことが明らかになってしまったのが今度の噴火なのである。

今回、「警戒レベル1」という「安心情報」を出してこれだけの被害を生んでしまった責任は重いというべきであろう。

御嶽山が噴火して半年後の二〇一五年春、噴火警戒レベル1の表現を「平常」から「活火山であることに留意」と改めた。しかし「平常」を「活火山であることに留意」と文言を替えただけでは、なにも変わらない。噴火口がある山頂まで行っていいことも、噴火警戒レベルが経験と勘に頼ったものでしかないことも同じだ。活火山であることは先刻知られているはずだ。

あえて言えば、レベル1のときに火山災害が起きてしまったときの責任を登山者に押しつけて、お役人の責任を少しでも軽くしたいだけのものだろう。

## 8 御嶽山の五〇〇倍以上いつ起きてもおかしくない「大噴火」

御嶽の噴火での死者・行方不明者は六〇名を超えて戦後最大の火山災害になってしまった。だが火山噴火の規模からいえば、日本で過去に起きた噴火に比べるとこの噴火はごく小さなものだったのである。

今回、御嶽が噴出した火山灰や噴石の総量は五〇〜一〇〇万トンだった。容積にすれば二〇〜四五万立方メートルだ。

東京ドームの容積が一二四万立方メートルだから、今回は東京ドームの半分以下の量の火山灰や噴石が噴火によって飛び散ったことになる。

もちろん大変な量だ。しかし一九世紀までの日本では、各世紀に四回以上の「大噴火」が起きていた。「大噴火」とは東京ドームの二五〇杯分、三億立方メートル以上の火山灰や噴石や熔岩が出てきた噴火をいう。つまり今回の御嶽噴火の五〇〇倍以上もの規模の噴火が日本では繰り返されてきているのだ。

ところが二〇世紀になると大噴火は一九一四年の鹿児島・桜島の大正噴火と一九二九年の北海道の函館の近くにある駒ケ岳の噴火のたった二回だけだった。その後現在まで一〇〇年近くは「大噴火」はゼロなのである。理由はわかっていない。しかしこの静かな状態がいつまでも続くことはありえない。

さらに大きな噴火もあった。七三〇〇年前の鹿児島・鬼界《きかい》「カルデラ噴火」だ。放出されたマグマは東京ドーム一〇万杯分にもなった。この種の「カルデラ噴火」は日本では数千年に一度ずつ繰り返されてきたことが分かっている。約九万年前に起きた阿蘇山のカルデラ噴火では火砕流《かさいりゅう》が九州北部はもちろん、瀬戸内海を超えて中国地方まで襲った。

鬼界カルデラにある硫黄島は薩摩半島の南方五〇キロにある。大量に出た火山灰は関西では二〇センチ、遠く離れた関東地方でさえ一〇センチも降り積もった。

世界史では火山の大噴火で滅びてしまった文明はいくつかある。

鬼界カルデラの噴火でも九州を中心に西日本で先史時代から縄文初期の文明が断絶してしまった。縄文初期の遺跡や遺物が東北地方だけに集中しているのはこの理由だと考えられている。

二〇一四年九月の御嶽山噴火では死者の七割が山頂付近に集中していた。つまり比較的小さな噴火が、晴れた紅葉の季節の土曜日に山頂付近に集まっていた登山客を集中的に襲ったのだ。
その意味では、噴火の規模に比べると大変に不幸な事件が起きてしまったことになる。
だが、もしもっと大規模な噴火が起きれば山頂付近だけではなくて山麓の人々や観光施設を襲う可能性が多分にあった。

登山客が集まる活火山は御嶽山だけではない。観光シーズンの富士山は数千人以上もの登山客でにぎわっているし、同じく活火山である箱根も人が多い。青森県の十和田湖や宮城と山形にまたがる蔵王山もそうだ。日本では観光で人が集まる地域は活火山が作った景観のところが多いのである。

「大噴火」が二一世紀には少なくとも五〜六回は起きても不思議ではないと考えている地球物理学者は決して少なくはない。

## 9 新潟県中越地震から一〇年「人災」と余震予想に課題浮き彫り

二〇一四年一〇月二三日は新潟県中越地震（マグニチュード6・8）からちょうど一〇周年の日だった。

この地震は川口町（現長岡市）で震度7という日本では最大の震度を記録した。だが地震発生直後には停電で衛星通信端末が止まり、当初は小千谷市などで観測された震度6強が最大震度だとされていた。

地震一〇周年ということで被害の中心になった長岡市では犠牲者六八名を追悼する式典が開催された。また山古志村（現長岡市）など被災各地では追悼のロウソクがともされ、発生時刻の午後五時五六分に犠牲者に黙祷《もくとう》をささげた。

私が地震学者として忘れられないことがある。それは、この地震の犠牲者のうち地震による直接の死者は一六名しかいなかったことだ。あとの五〇名以上はストレスや深部静脈血栓症、いわゆるエコノミークラス症候群などによる地震後の関連死だった。

避難した人たちから地震後に犠牲者を出すのは天災というよりも人災というべきであろう。
また、気象庁の余震の発表が「当たらなかった」ことも忘れられない。
地震後に気象庁が発表した余震の見通しはたびたび裏切られた。
気象庁は三日以内の最大震度5強以上の確率は一〇%と発表していた。だが実際には震度6を超えるものだけでも四回もあり、なかでも震度6強という強い余震も二回あった。地震後、一〇月の末までに六〇〇回、一一月末までに八二五回もの有感地震（身体に感じる地震）の余震があった。

この地震はほかの大部分の地震とちがって地震断層がひとつではなくて複雑だった。このために気象庁の予測発表を上回る余震が何度も繰り返されたのだ。

余震の起きかたには経験則しかなく、しかも例外も多い。気象庁が記者会見で発表しているのは、たんに平均的な経験例にもとづいているだけなのだ。このため気象庁の余震の予想が外れることは多い。

一般には震源が浅い地震ほど余震が多く、震源が深い地震には余震がないこともある。

また余震の最大マグニチュードは本震から1くらい小さいことが多い。しかしこのときの余震でもマグニチュード6・5が起きたし、本震とほとんど同じ大きさの余震が起きて双子地震と呼ばれるようになることさえある。他方、最大の余震が本震よりずっと小さいこともある。

最大の余震は本震の後、数日以内に起きることが多いのだが、これもいつもあてはまるわけではなく、半月以上たって起きることもある。たとえば東日本大震災を起こした東北地方太平洋沖地震（マグニチュード9・0）では約一ヵ月あとになって最大の余震が起きて宮城県北部と中部では、余震の中で最強だった震度6強を記録した。マグニチュードは7・1だった。

気象庁はこの種の余震の見通しの発表を新潟県中越地震後も続けている。しかし、どんな余震がいつ起きるかを正確に予測することは現在の学問レベルでは不可能なのである。

# 10 地震予知に失敗したイタリア学者裁判の行方

## ――「安全宣言」鵜呑みにした市民が犠牲に

イタリアで地震予知に失敗した学者が裁判にかかっている。

二〇〇九年四月、イタリア中部ラクイラでマグニチュード6・3の地震が起きて三〇九人が死亡、六万人以上が被災した。

ここはイタリアでも地震活動が高いところで、ふだんから月に数回の地震がある。大地震の前の半年間はいつもよりずっと地震が多く、三月には地震はさらに活発になりマグニチュード4という現地ではめったにない地震も起きた。

三月上旬には大地震が来るという独自の地震予想を出す学者も現れた。活発な群発地震や大地震の予想を受けて、地元の人々のなかに不安が拡がっていた。

このためマグニチュード4の地震の翌日「国家市民保護局」は学者を含む「大災害委員会」を開き「大地震は来ない」という安全宣言を出したのだった。

じつは人心を鎮めようという方針が委員会の前に政府によって決まっていた。地震予知は学問的にはほとんど不可能だから学者も判断できず、政府が学者に期待したのは科学者のお墨付きだけだったのである。

安全宣言が出されたのが三月三一日。専門家が安全を保証したために人々は家の中に留まった。しかし地震は起きた。四月六日の午前三時半。人々が寝静まっている時間だっただけに大被害になってしまった。

イタリアでは政府の「安全宣言」を鵜呑みにした市民が犠牲になった。六〇人以上が犠牲になった九月の御嶽山の噴火とよく似た話である。御嶽山も「噴火警戒レベル」は最低の1、つまり山頂まで登っても大丈夫という安全宣言であった。

それだけではない。かつて鹿児島でもイタリアとほとんど同じことが起きた。

一九一三年に有感地震が頻発し、地面が鳴動し、海岸には熱湯が噴き出した。人々は桜島が噴火するのでは、と心配した。

だが村長からの問い合わせを繰り返し受けた地元の気象台長（いまの鹿児島地方気象台。当時は鹿児島測候所）は、問い合わせのたびに、噴火するという十分なデータを気象台は持っていない、噴火はしない、と答えたのであった。

しかし気象庁の予測に反して、桜島は大噴火を起こしてしまった。後ろは火山、前は海。逃げどころのなかった住民の多くが犠牲になった。八つの集落が全滅し、百数十人の死傷者を出す惨事になってしまったのである。

イタリアでは政府の安全宣言が犠牲の拡大を招いたとして地震学者らが過失致死傷罪に問われた。二〇一二年一〇月、地裁での一審では学者ら七人が禁錮六年の実刑判決を受けた。だが二〇一四年一一月一〇日、ラクイラの高裁は逆転無罪の判決を出した。一審判決を破棄したのだ。

イタリアの高裁での判決言い渡しのとき傍聴席にいた震災犠牲者の遺族らから「恥を知れ」との怒りの声が上がった。検察側も上訴するとみられ、最終判断は最高裁に委ねられる見通しになっている。

さて、どういう結末になるだろう。日本などほかの国で政府の委員会に関わっている学者たちも気が気でないのである。

# 11 長野県北部地震　信用ならない「震度6弱」

地震学者にとって強い違和感があるメディアの言い方がある。「長野県北部で起きた震度6弱の地震」という言い方だ。

気象庁が発表する震度は「震度計」を設置していないところではもっと大きな震度のことがある。二〇一四年一一月に起きたこの地震でも、倒壊した家が多かったところの震度は6弱よりもずっと強かった可能性が大きい。

マグニチュードが地震そのものの大きさを示す数字なのとちがって震度はそれぞれの場所の揺れ方だ。気象庁が測っていない場所での震度は分からないのである。

この長野県北部で起きた強い地震では震源が浅かったために震源の近くでは局地的に強い揺れに襲われた。このため三一軒の家が全壊した。マグニチュードは6・7、震源の深さは五キロとごく浅かった。

震度計で震度が測られて発表されるようになったのは一九九六年以来のことだ。それまでは気象庁の職員が体感で震度を決めていた。

じつは震度を決めることはそう単純なことではない。

地震で地面が揺れる、その「振幅」ならいいのだろうか。

そうではない。地面が一〇センチの振幅で揺れても、その揺れの周期が三〇秒もあるゆっくりした揺れならば、たいていの人間は揺れているとは感じない。だが振幅がたった一ミリでも、周期が〇・三秒しかなければ、これは強い揺れだ、と誰でも感じるのだ。つまり地面が揺れる振幅では、人間が大きな地震だと感じるほど、素直に数字が大きくなる震度の目盛りには使えないのである。

では「加速度」ではどうだろう。モノがゆすぶられる力に比例している加速度は、振幅よりも少しはマシだ。

しかし加速度が一五〇ガルでも、振動がしばらく続けば家が倒れる、つまり震度では6になる。だが三〇〇ガルの地震が来ても、ごく短時間で終わってしまえば、まず被害は出ない。このときは加速度は大きくても、震度は4どまりなのである。

つまり震度とは、地震の揺れの加速度や、周期や、揺れが続く時間などいろいろの要素の組合せで決められるものなのだ。このために、震度計を作って、それまでの職員が体感で決めていた震度を機械観測に置き換えることはそう簡単ではなかった。気象庁は地震学者を呼んで委員会を作って何度も検討を重ねたのだった。

気象庁の職員が決めていた時代には、もっと芸が細かいことまでやっていた。震度は地盤の善し悪しで違ってくる。北海道室蘭市は気象台が地盤が良いところにある。しかし町の大部分は埋め立て地のような軟弱で悪い地盤が多い。このため気象庁の震度よりも町の震度の方がいつも大きかった。

このため気象台が気を遣って、感じた震度よりもサバを読んだ震度を「室蘭の震度」として発表していたのだ。

12

# 南海トラフ地震の「先駆け」となった西日本の直下型地震

二〇一五年一月三日、日本海岸に近い兵庫県豊岡市・城崎《きのさき》温泉で大規模な火事があった。一九棟、延べ約二七〇〇平方メートルが焼けた。

私たち地震学者が城崎温泉の火事と聞いて思い出すものがある。それは北但馬地震（一九二五年）と北丹後地震（一九二七年）のことだ。この二つはマグニチュードがそれぞれ6・8と7・3。直下型地震としては阪神淡路大震災（マグニチュード7・3）なみの大きな地震だった。

これらの地震で城崎温泉をはじめ、兵庫県北部や東隣の京都府北西部など丹後半島の付け根部分では大きな被害が出た。

北但馬地震での死者は四三〇名、家屋の全半壊は四〇〇〇棟におよんだ。震源地付近では八三戸あった住宅のうち八二戸が倒壊したほどの強い揺れだった。

北但馬地震が起きたのは一九二五年五月の午前一一時すぎ。昼食の準備の時間だった。このため大火が起きて豊岡では焼失家屋は二三〇〇棟を超え、町の半分が焼失した。城崎だけで人口の八％、二七一名という多数の死者を生んでしまった。犠牲者の大半は炊事中に倒壊した家にはさまれたまま火災で焼死した女性だった。

城崎町では、二年後の北丹後地震でも三月の夕食時だったこともあって火災で二三〇〇棟以上が焼失した。この地震での各地での合計は死者二九〇〇余、揺れによる全半壊二万二〇〇〇棟にものぼった。

城崎は地震による大火にたびたび痛めつけられたところなのである。

じつは北但馬地震と北丹後地震はたんなる直下型地震ではなかった。これらの地震は海溝型地震である南海地震（一九四六年。マグニチュード8・0）と東南海地震（一九四四年。マグニチュード7・9）の「先駆け」になった地震ではないかと考えられている。

北但馬地震と北丹後地震だけではない。死者一一〇〇名を生んでしまった鳥取地震（一九四三年。マグニチュード7・2）もある。この地震で鳥取市の中心部は壊滅。古い町並みはすべて失われた。市内の住宅の全壊率は八〇％を超えた。

南海地震と東南海地震は、恐れられている「南海トラフ地震」の先代だ。これらの地震に限らず、いままで起きてきた南海トラフ地震の先祖たちの数十年前から西日本で直下型地震が頻発したことが知られているのだ。

ところで二〇一三年四月に兵庫県淡路島付近でマグニチュード6・3の地震が起きた。最大震度は6弱。住家の一部損壊が二〇〇〇棟以上にのぼったのをはじめ、液状化による施設被害、水道管破損による断水などの被害が出た。また二〇一五年二月六日には徳島県で震度5強の浅い地震（マグニチュード5・0）が起きた。

もし恐れられている南海トラフ地震が起きたら、この淡路島や徳島の地震も「先駆け」だったといわれるに違いない。

それだけではない。もしかしたら阪神淡路大震災（一九九五年）や鳥取県西部地震（二〇〇〇年。マグニチュード7・3）も南海トラフ地震の「先駆け」のひとつかもしれないのである。

ところで北丹後地震が起きたとき、大阪梅田の駅前にある阪急百貨店では客の食い逃げが莫大な額に達した。このため地震後に後払いをやめ、日本で初めての前金制の食券を取り入れた。これなら取りっぱぐれはない。さすが大阪である。

## 13 「噴火の前兆」空振りのナゾ

一九九八年二月ごろだ。日本中の火山学者や気象庁がピリピリしていた。岩手県盛岡市の北西二〇キロメートルほどにある岩手山が、いまにも噴火しそうだったからだった。

それは火山性の地震活動から始まった。一九九七年一二月末から岩手山の西側山腹の浅いところで群発地震が始まって増加してきたのだ。

そして翌一九九八年二月になると低周波地震も観測されるようになった。低周波地震は火山の地下でマグマや熱水が動くことで発生するものだと考えられている。噴火に近づいたに違いない。

げんに富士山の下で起き続けている低周波地震の増加が次の富士山噴火のカギを握っていると考えられている。

ついで、東北大学や国土地理院が測っていた地殻変動観測データにも変化が現れた。噴火予知のカギになる山体膨張である。

そして四月の末になると火山性地震がさらに頻発するようになり、傾斜計にも大きな変化が出た。

これだけの「噴火の前兆」が揃った。いつ噴火しても不思議ではない状態になっていたのである。

しかし、固唾を呑んで見守っていた火山学者たちや気象庁を尻目に、岩手山は噴火しなかったのである。

これらの「前兆」だったはずのいろいろな活動は六〜七月をピークに、八月以降はしだいに下がっていってしまった。

じつはこの間、九月三日に岩手山の南西約一〇キロメートルのところでマグニチュード6・2の直下型地震が起きた。この直後には岩手山の地震活動も一時活発化したのだったが、それも一〇月には元に戻ってしまった。

翌一九九九年になると火山の山体の浅いところで起きていた地震活動はもっと低下した。

一方で火山のやや深部で起きる低周波地震や火山性微動の活動は続いた。つまり、まだ何かが起きる可能性が残っていたので気を緩められなかったのである。

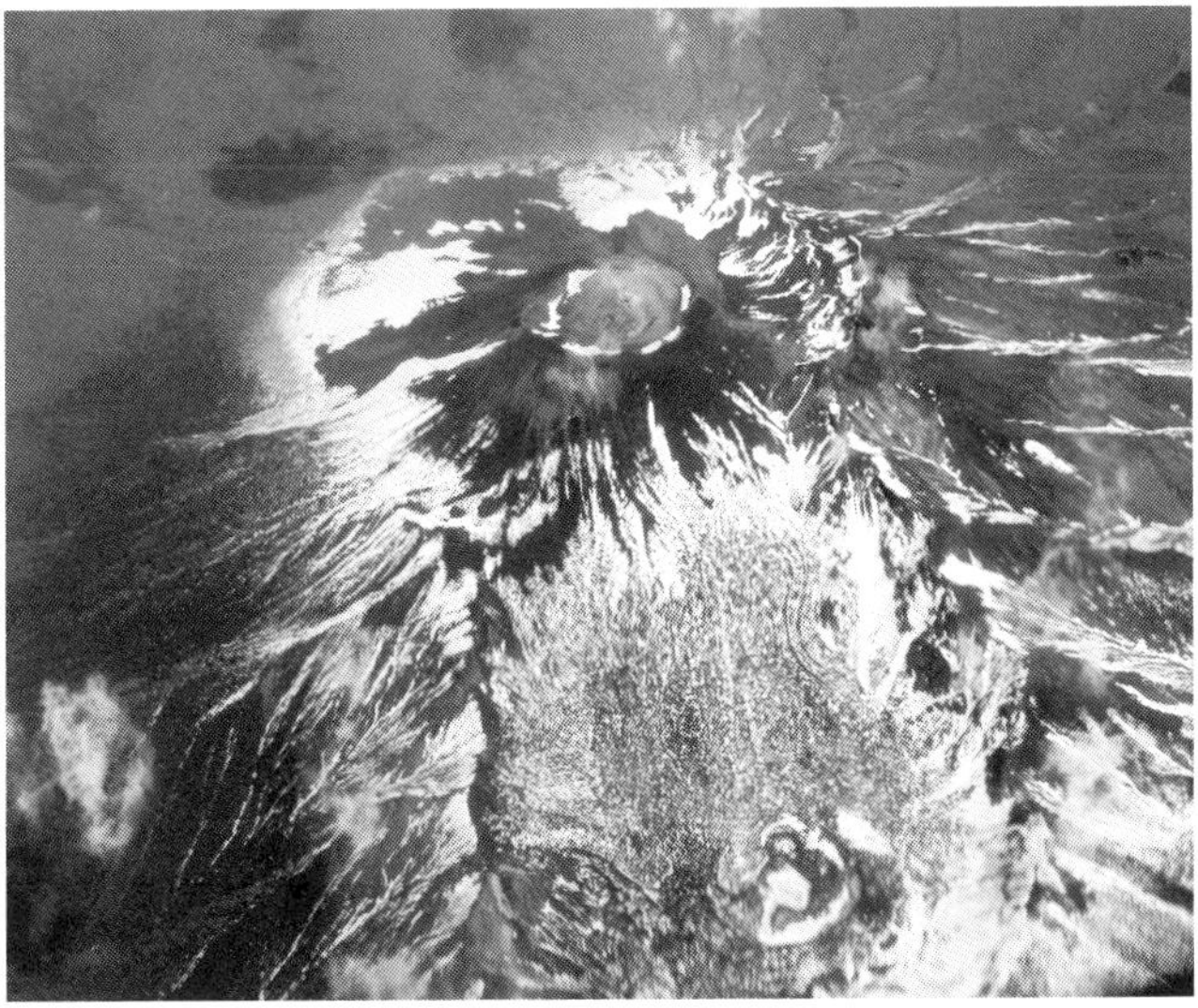

盛岡（右上方の画面外）からよく見える岩手山。あらゆる「噴火の前兆」があったが噴火しなかった。写真は左手が北＝島村英紀撮影

他方、これも火山活動のバロメータである噴気活動は遅れて一九九九年六月ごろから活発化していた。噴気とは水蒸気を吹き出す現象で、あちこちの火山で見られる。だがこれも二〇〇二年から二〇〇三年をピークにして、しだいに少なくなった。

緊張の数年が過ぎた。結局、岩手山は噴火しないまま静かになってしまったのである。

二〇一四年九月に戦後最大の火山災害になってしまった御嶽山噴火のときには、火山性地震が「前兆」だったので、来るべき噴火を警告すべきではなかったかという火山学者の議論がある。

だがこの御嶽山の「前兆」は小規模な群発地震が約二週間前にあったが、その後おさまって

しまっていたものだ。

それに比べると、はるかに多くのもっともらしい「前兆」があっても、岩手山のように噴火しないことがよくある。噴火予知は一筋縄ではいかないのである。

14

# 米巨大地震 五〇年以内の発生確率七五%

## ――一七〇〇年の日本の津波被害から判明

米国人が知らなかった米国の大地震が日本の古文書から初めて分かったことがある。

日本では江戸時代の一七〇〇年一月二六日に、地震も感じなかったのにいきなり津波が襲ってきて大きな被害を生んだ。ナゾの津波だった。日本各地に残る古文書にはこの津波が書き残されている。

二一世紀になってからの研究でようやくナゾがとけた。米国西岸で大地震が起きて、その地震からの津波が一四時間かかって太平洋を渡って日本にまで達したものだったのである。

米大陸の西岸で海水につかって枯死した木が多いことも発見された。枯れた時期は幹に刻まれた最後の年輪から分かる。年輪からの推定は一六九九年八月から一七〇〇年一月の間。この地震と一致した。

アメリカ合衆国が独立宣言を出したのが一七七六年だったから、まだ米国という国ができる前だ。

地震は二〇一一年の東北地方太平洋沖地震（東日本大震災）なみの巨大な地震だった。マグニチュードは9くらいと考えられている。

米国の五〇ある州のなかで地震が起きる州はカリフォルニア州とアラスカ州だけだと一般には思われている。

たとえばカリフォルニア州のサンフランシスコでは一九〇六年にサンフランシスコ大地震が起きた。米国の大都市で最大の被害を生んだ自然災害だった。約三〇〇〇人が死に、火は三日間も燃え続け、多くの建物が崩壊するなど大きな被害を引きおこした。

サンフランシスコ大地震はマグニチュード7・8。サンアンドレアス断層という活断層が起こした直下型地震で、大都会サンフランシスコのすぐ下で起きたために甚大な被害を生んでしまった。

ところが一七〇〇年のこの地震は数十倍も大きな地震だった。ファンデフカプレートというプレートが北米大陸の下に潜り込んでいくところで起きた海溝型地震だったのだ。

震源はカリフォルニア州北部だけではなく、その北にあるオレゴン州もワシントン州も、そしてカナダのブリティッシュコロンビア州南部までの長さ一〇〇〇キロメートルにも達していた。

こんな大きな海溝型地震が米国で起きることは二一世紀まで知られていなかったのである。海溝型の大地震ゆえ、同種の地震がこれからも米国からカナダにかけての西岸を繰り返し襲う可能性がある。

次にいつこの種の地震が起きるかは分かっていない。だが学説では、この種の大地震は五〇〇年ごとに繰り返すとも、今後五〇年以内に再び襲って来る確率は七五%以上ともいわれている。

もし起きれば、米国のポートランド、シアトル、さらにカナダのバンクーバーといった西海岸の大都会にある建物はこのような大地震を想定しないで作られているだけに、甚大な被害を生じる可能性が強い。

巨大地震や津波は日本やインドネシアだけのものではないのだ。

## 15 震源の深さに救われた過去の首都直下型

二〇一五年五月の末、首都圏直下型地震があった。埼玉県北部が震源で、最大震度5弱を記録した。

マグニチュードが5・6、震源の深さが六〇キロメートルと、小さめの地震でしかも深かったから被害はほとんどなかった。

震源は首都圏の「地震の巣」のひとつで、茨城県南西部と千葉県北部と埼玉県北東部が近接しているところだ。茨城・鹿島神宮や千葉・香取《かとり》神宮が地震ナマズの頭と尻尾を重ねて、そこに「要石《かなめいし》」を置いているように、昔から地震が多い場所として知られている。

首都圏は北米プレートに載っているが、その地下に東から太平洋プレートが衝突し、さらに南からフィリピン海プレートがぶつかってきているところだ。しかもすぐ南西にはユーラシアプレートがあり、その上には西南日本が載っている。これほど複雑なところは世界でもまれだ。

このため、それぞれのプレートが固有の地震を起こすほか、複数のプレートの相互作用でも地震が起きる。つまり首都圏は「地震が起きる理由」がとても多いところなのである。

一九世紀以後だけでも一八五五年の安政江戸地震（マグニチュード7・1）は日本の内陸で起きた地震としては最大の一万人近くの死者を生んだ。一八九四年の明治東京地震（マグニチュード7・0）は死者三一、一八九五年の茨城県南部地震（マグニチュード7・2）は死者六。そのほか一九二一年の茨城・竜ヶ崎地震（マグニチュード7・0）、一九二二年の浦賀水道地震（マグニチュード6・8）も起きた。

いずれも首都圏を襲った直下型地震だ。しかし安政江戸地震以外は幸いにも震源は深く、明治東京地震は五〇～八〇キロメートル、茨城県南部地震は七五～八五キロメートル、竜ヶ崎地震は五三キロメートル、浦賀水道地震は五〇キロメートルであった。つまりこれらマグニチュード7クラスの地震は直下で起きたにもかかわらず、幸いにも震源が深かった。それゆえ、地震の規模の割には被害が限られていたのである。

いままで日本で起きた地震のなかで震源が深くて広い範囲で被害を出した地震は一九五二年に奈良県で起きた吉野地震である。震源の深さは七〇キロメートルだった。九名の死者のほか負傷者一三九名、住宅全壊二〇棟など、被害は近隣の和歌山県から遠くは石川県まで一〇県に及んだ。東京でも震度1～2だった。マグニチュードは約6・8とされているが、もっと大き

茨城県西南部は昔から地震が多く、地下で暴れる地震ナマズを「要石」が押さえていると信じられてきた（江戸時代のナマズ絵から）

かったという説もある。もっとずっと深い地震で大きな被害を生んだことはない。

首都圏でこの二〇〇年間に起きてきた直下型地震の多くは、この五月に埼玉県北部で起きた地震と同じく「深さ」に救われてきた。

だが、これから起きる直下型地震がいつも震源が深いわけではない。

もしかしたら安政江戸地震のように震源が浅く、たとえ同じマグニチュードでも震源の真上では大変な被害を生んでしまうかもしれないのである。

## 16 議論が分かれる巨大地震前の「静けさ」

「嵐の前の静けさ」が大地震の前にもあるものかどうか。これはいまだに解けない問題である。

地震学者は古くから、この現象「地震空白域」の検証に取り組んできた。

もっとも有名だったのが北海道・根室沖に起きた海溝型の地震だ。

ここでは一九五二年に十勝沖地震（マグニチュード８・２）が西隣に、そして一九六九年に色丹《しこたん》島沖地震（マグニチュード７・８）が東隣に起きて、その間の根室沖が抜けていた。どちらも海溝型地震である。

たしかにこの場所には小さい地震がまわりより少なく「嵐の前の静けさ」を感じさせた。

かつて根室沖には、一八九四年にマグニチュード７・９と推定される海溝型の大地震が起きた。それから一〇〇年近くたち、地震エネルギーはかなり溜まっていても不思議ではなかった。

このため、ここにまた大地震が起きるのではないか、と一九七〇年代に入ってから言われはじめた。

小さな地震さえも起きなくなっている領域、空白域の拡がりから、来るべき大地震の震源断層の大きさも推定された。それはマグニチュード8クラスの巨大地震であった。

震源断層が大きいほど、大きな地震が起きる。二〇一一年の東日本大震災（東北地方太平洋沖地震）は岩手県沖から茨城県沖までの南北四五〇キロメートル、東西一五〇キロメートルにもおよぶ大きな震源断層だった。

来るべき大地震がいつ起きるかは分からない。だが固唾を呑んで待っていた一九七三年、ついに、それらしき地震が起きた。根室半島沖地震だ。

この地震で津波による浸水被害が三〇〇棟近く、負傷者は二六人出た。マグニチュードは7・4だった。

だがその後、この地震が予想されていた大地震ではなかったという説が強い。マグニチュード7・4はマグニチュード8地震のエネルギーの八分の一でしかないからだ。

空白域が来るべき大地震の場所と大きさを予知できるはずだという研究はその後も少なくない。大地震が近づくと、その空白域の中にぽつぽつ、地震が起き始めるという研究も近年にはある。

ちょうど六年前の二〇〇九年八月、南海トラフ地震で警戒されている震源域の中で強い地震が起きた。震源は駿河湾内。最大震度は6弱に達した。マグニチュードは6・3。幸い大きな被害はなかったが、東名高速道路が四日間不通になって、道路だけで経済損失額は二一億円になった。

二〇一一年にも静岡県東部で最大震度6強を記録したマグニチュード6・4の地震があった。この地震は東北地方太平洋沖地震の四日後で、この地震による誘発地震ではないかと思われている。

南海トラフ地震で予想される震源域は、この数十年間、地震活動がとくに低い。つまり空白域になっている。

学問的には空白域がきたるべき大地震の先駆けになるのか、そして大地震が近づくと空白域の中で地震が起き始めるのかは決着が付いていない。そうではなかった例も多いからだ。

しかし、いままでは地震がほとんどなかった静岡でぽつぽつ起きている地震は気味が悪い。

## 17 噴火予測の困難さ見せつけた桜島

二〇一五年八月のことだ。鹿児島・桜島がいまにも大噴火しそうな発表だった。八月一五日。気象庁は記者会見を開いて「噴火警戒レベル4の特別警報」を発表した。朝一〇時半からの記者会見だった。三時間前からの急変。発表する気象庁の課長の顔は引きつっていた。「朝七時頃から地震が多発、山体膨張を示す急激な地殻変動が観測されてその変化は一段と大きくなっている。規模の大きな噴火が発生する可能性が非常に高くなっている」という発表だった。

噴火警戒レベルは二〇〇七年一二月に運用が始まったもので、桜島ではレベル4への引き上げは初めてだった。レベル4は「避難準備」で「居住地域に重大な被害を及ぼす噴火」の可能性が高まっている場合に出される。

桜島は二〇〇八年以降「昭和火口」で年に数百回以上という活発な噴火活動が続いている。一九四六年の噴火でできた「昭和火口」では、その後噴火が止まっていたが、二〇〇六年六月に半世紀ぶりに噴火活動を再開した。

二〇一五年には八月までに六九一回も噴火し、これは前年をすでに超えてしまっていた。

二〇一四年の一年間の年間噴火回数は六五六回、二〇一三年の一年間は一〇九七回、二〇一二年も一一〇七回、二〇一一年は一三五五回というように、世界有数の噴火回数が続いている。

しかしこの八月一五日に観測した地震数も地殻変動も、いままでにない大きなものだった。「異変」からわずか三時間あまりで開かれた記者会見と噴火警戒レベルの引き上げ。これを受けて地元では住民の避難を開始。三地区に住む五一世帯七七人がとるものもとりあえず自宅を離れて避難所に収容された。

だが……。大噴火は起きなかったのだ。警戒レベルの発表から半月後の九月一日、警戒レベルは再び3に引き下げられ、住民たちは家に帰ることが許された。

じつは地震の数は、初日以後は減り続けていた。しかし火山学者は「警戒を緩めてはいけない。噴火の前には地震が減ることもある」とテレビで述べていた。

その「予測」に反して、地震の数は少なくなったが噴火は起きなかったのである。

過去の噴火歴が少なくて経験がほとんどない富士山や箱根火山と違って、桜島も長野・群馬県境にある浅間山も、この一〇〇年間に数十回以上も噴火した。機械観測が始まってからの噴

桜島にある東桜島小学校は海岸沿いにあり、背後に桜島が迫っている＝島村英紀撮影

火も数多い。研究者も張り付いている。つまり、この二つの火山は噴火予知研究の「優等生」だったのだ。それでも、桜島では来るべき噴火を正確に予知することはできなかった。

地元の火山学者にとっても、この「異変」は三五年間の観測で初めてのものだった。

たとえ「三五年間の観測経験」があったとしても、地球や火山の歴史に比べれば、あまりに短いものなのだ。

火山学者は、「経験」がひとつ蓄積されたとはいえ、無力感を味わっているのである。

# 第2部　これだけは知っておこう地震・火山の恐怖

## 18 南海トラフで東京の超高層ビルが五メートル揺れる？

### ――長周期表面波の恐怖

二〇〇四年の新潟県中越地震（マグニチュード6・8）の被害は地元だけではなかった。

ほとんどが震度3だった東京でも、思いもかけなかった「被害」が出て青くなった関係者がいた。

港区にある五四階建ての超高層ビルのエレベーターを吊っているメインワイヤーが切れてしまったのだ。鋼鉄製のワイヤロープは直径一センチもある。幸い、エレベーターは非常ブレーキで止まって、大事故にはならなくてすんだ。

マグニチュードは7にも満たず、距離は二五〇キロも離れた地震でこの「被害」。

地震学的にはこの高層ビルを予想外に揺らせたのは「長周期表面波」というゆっくり揺れる地震波だ。ほかの地震波が地球の内部を伝わってくるのと違って、これは地球の表面だけを伝わる。

普通の地震波は距離が増えると距離の三乗で小さくなっていく。これとちがって「表面波」

は距離の二乗でしか小さくならない。つまり遠くに行っても普通の地震波ほどは弱くならないのだ。

この長周期表面波に注目していた地震学者がいた。岐阜大学の村松郁栄先生は三〇年以上も前からこの地震波が超高層ビルに及ぼす影響の観測を企てていた。

日本で超高層ビルが建てられるようになったのは一九六四年。建物の高さが三一メートルまでという建築規制が撤廃されたのだ。

東京のあちこちで建てられ始めた超高層ビルの上と下に地震計を置かせてほしいと村松先生はあちこち交渉した。だがビルの所有者は地震計を置くのを嫌がり、ようやく新宿の超高層ビルで「ビル名は決して出さない」という約束で置かせてもらった。

そして一九八四年、長野県西部地震（マグニチュード6・8）が起きた。最上階では地階の二〇倍以上も揺れ、しかも揺れが長く続くことが初めてわかった。

東日本大震災（二〇一一年）のときには大阪府咲洲《さきしま》庁舎（旧WTCビル、五五階建）で天井が落ちたり床に亀裂が入り防火戸が破損するなど三六〇ヵ所もが損傷した。エレベーター四基に五人が五時間近く閉じこめられた。エレベーターを支えるワイヤロープがからまって翌日にも八基が復旧しなかった。震源から八〇〇キロも離れたところだ。

恐れられている南海トラフ地震が起きたときには東京の高層ビルの上部は振幅五メートルもの揺れになると予想している科学者もいる。そんなに揺れたら、ビルそのものは倒壊しなくても中にいる人々はコピー機やロッカーなど重い家具につぶされてしまうだろう。

超高層ビルには限らない。巨大な石油タンクや、長大な橋、新幹線の土木構造物など、振動の固有周期が長い建造物はどれも強い長周期表面波の洗礼を受けたことがない。

最近はようやく対策がとられ始めている。しかし対症療法的なものだ。そもそものビルの設計のときにどのくらいの地震波が来るか知らないまま、ゼネコンや工学者たちが設計しているのは、地震学者として、とても心配なことなのである。

## 19 地震発生から五年で世界から忘れ去られたハイチの悲劇

日本でも、そして世界からも忘れられてしまった地震がある。その地震は二〇一〇年一月一二日、カリブ海の島国ハイチを襲ったマグニチュード7・0の直下型地震。二〇〇四年に起きたスマトラ沖地震と肩を並べる犠牲者二〇万人以上という被害を生んだ。

地震は首都ポルトープランスの西南西二五キロで起きた。ここでは北アメリカプレートとカリブプレートが衝突している。日本で起きるような直下型地震が起きても不思議はないところだ。ハイチが載るイスパニョーラ島の東半分を占める隣国ドミニカでも一九四六年にマグニチュード8・1の地震で二〇〇〇人が死亡したし、西隣の島国ジャマイカでも一九〇七年にマグニチュード6・5の地震で一〇〇〇人が犠牲になった。カリブ海諸国は地震国なのである。

ハイチの地震では大統領府や国会議事堂も倒壊し、地震直後は大統領や閣僚さえ屋内に寝る場所がなくなった。そのほか国税庁、財務省など中央官庁の建物は軒並み全壊するなど多数の建物が崩壊して一五〇万人以上が住む家を失った。

ハイチは世界初の黒人国家だが、南北アメリカで最も貧しい国だ。六割もの人々が一日二ドル未満で生活している。政情不安も続いてきた。

この未曽有の災害は、当時は世界各国で大きく報道された。このため各国から援助の手がさしのべられ、支援金も各国から集まった……はずだった。

震災直後に約束された国際支援金は一二〇億ドル（約一兆四〇〇〇億円）にものぼったが、実際にハイチが受け取ったのはわずか四〇億ドルだった。米国は予定支援額の五％も拠出していない。つまりハイチは世界から忘れられてしまったのである。

地震前と同じく、ハイチでは経済の低迷や政治の混乱が絶えない。そのうえ地震の年にはコレラが流行して一万人もの死者を生むなど、踏んだり蹴ったりの状態が続いた。

地震から五年たってもテント村など一二〇ヵ所以上で八万五〇〇〇人以上が避難生活を続けている。被災者の苦しみはなお続いているのだ。

だがハイチのことを他人事だと言ってはいられない。

日本でも、二〇〇人以上の津波犠牲者を生んだ一九九三年の北海道南西沖地震は、その後一九九五年に起きた阪神淡路大震災以後はすっかり忘れ去られてしまった。

そして二〇一一年の東日本大震災で、阪神淡路大震災のことがまた忘れられかけている。

阪神淡路大震災の被災地での「借り上げ復興公営住宅」の期限は二〇年。退去させられる期限をどうするかで問題になっている。被災者に国や自治体が貸し付けた「災害援護資金」も兵庫県内だけで一万人以上、計約一七〇億円もが回収できていない。生活の再建が出来ていない人がまだ多く取り残されているのだ。

東日本大震災も復興が遅れている。オリンピックの狂想曲にまぎれて被災地が忘れられてしまうのを地震学者としては心配しているのである。

20

# 都会襲う「火災旋風」の恐怖

一九四五年三月一〇に東京大空襲があった。この空襲は米軍による市民への無差別爆撃で、一日だけで一〇万人以上が殺された。被災者は一〇〇万人にも達した。

この爆撃（いまでいう空爆）では焼夷弾《しょういだん》という燃えやすい液体を詰めた爆弾を大量に落とした。このため東京の広い範囲で大火が燃えさかった。

火事の規模がある程度以上になると「火災旋風」というものが起きる。火で暖められた空気が上空に上昇し、それを埋め合わせるためにまわりから風が吹き込んで火災をさらに大きくする現象だ。

第二次世界大戦では日本各地だけではなく、ドイツにも米英軍によって大規模な無差別爆撃が行われた。ドイツのハンブルグやドレスデンなどの大都会で火災旋風が起きて、石造りの建物が多いのにそれぞれ何万人もの犠牲者を生んだ。

じつはこの火災旋風は一九四五年の東京大空襲だけではなくて、地震でも起きたことがある。

地震後に起きた火災旋風で一〇万人以上の命を失ったことがあるのだ。

それは一九二三年に首都圏を襲った関東地震（マグニチュード7・9）。当時の東京の人口は現在の東京都の六分の一しかなかったが、これだけの被害になってしまったのである。

関東地震による死者の九割は火災による焼死だった。住宅地をなめつくした火事が日本最大の地震被害を生んだ。

地震のあと、水道も電気も電話も止まっていた。消防車が走るべき道も崩れた瓦礫がふさいでいた。水道が止まったから、当時かなり普及していた消火栓も使えなかった。このため火は次々に燃え広がった。地震の翌日には、東京の中心部の多くは燃え尽きて、火はさらに周囲に拡がっていったのだった。

とくに悲惨だったのは、逃げ場になる空き地が少なかった東京の下町の人たちだった。いまの東京都墨田区にあった被服廠《ひふくしょう》の跡地では火に追われて四万人もの人たちが集まってきたが、猛火はここも襲って、このうち三万三〇〇〇人もの人たちが焼け死ぬ惨事になってしまった。

いまここには横網《よこあみ》公園があり、東京都の震災祈念堂が建てられていて、慰霊堂があるほか、構内にある復興記念館には震災の遺品が展示されている。

このときの火災旋風は自転車をはるか木の上まで巻き上げるほどの強さだったことが展示し

関東大震災の火災旋風で溶けて崩壊した鉄柱。大日本麦酒の吾妻工場にあったものだ＝島村英紀撮影

てある絵に描かれている。火災旋風の風速は秒速一〇〇メートルを超えるといわれている。

関東地震は、近代的な都市がいかに地震に弱いかということを露呈してしまった地震であった。地震の揺れによる直接の被害よりも、地震によって起こされた火事などの二次的な災害のほうがずっと大きい被害を生むこともあることが、日本ではじめて分かったのだ。

近年、また心配が増えた。都会に増えてきた超高層ビルは、ふだんからビル風を起こしたり、夜の海風をさえぎって熱帯夜を増やすなど人々を悩ませているが、火災旋風を助長する恐れもあるからだ。

## 21 乳頭温泉死亡事故　迫る危険に気づかなかった？

二〇一五年三月、十和田八幡平国立公園内にある乳頭《にゅうとう》温泉で三人がなくなった。これは火山ガスによる事故だ。

太平洋プレートが東から本州の下に潜り込んでいるために、プレートが深さ九〇から一三〇キロメートルに達したところでマグマが出来る。

そのマグマが上がってくるところが「火山前線」で、本州の東部を南北に串刺しにしている。乳頭温泉も、五キロメートルほど南にある活火山、秋田駒ヶ岳も、このマグマが作っているものだ。本州中部ではこの火山前線は那須岳、浅間山、富士山、箱根、伊豆大島といった火山を通っている。

マグマが地下から運んでくる有毒な火山ガスでいちばん一般的なものは硫化水素だ。今回もこの硫化水素が原因だった。硫化水素は青酸カリと同じように細胞が酸素を取り込めなくしてしまう。

硫化水素は無色だが卵が腐ったような臭いがある。温泉でよく「硫黄の臭い」がするのは、じつはこの硫化水素の臭いだ。硫黄には臭いはない。

問題は硫化水素の濃度が高くなると人間の嗅覚をまひさせてしまうことだ。このため危険に気づかない場合も多い。今回もそうだった可能性が高い。

そのうえ硫化水素は空気よりも一・二倍ほど重いガスだ。このため窪地に溜まる。三人も仕事を終えて帰るときに深い雪を掘った窪地に置いてあった荷物を取ろうとして犠牲になってしまった。

乳頭温泉は「カラ吹源泉」と言われるもので、硫化水素を含む熱い水蒸気が噴き出し、水蒸気に水を加えて温泉水として供給している。もともと硫化水素が大量に出ているところなのである。

火山とその周辺で有毒な火山ガスの犠牲になった事故は多い。

青森県八甲田山では一九九七年に窪地から噴出して滞留していた火山ガスで訓練中の自衛隊員三名が窒息死した。二〇〇四年には長野県安曇村《あずみ》（現松本市）の温泉でマンホールに溜まっていた硫化水素を吸った四人が病院に搬送された。

二〇〇五年にも秋田県湯沢市の泥湯温泉で、雪の窪地に溜まった硫化水素を吸って家族四人が死亡する事故もあった。また二〇一〇年には青森県酸ヶ湯《すかゆ》温泉の近くの沢で、山菜採りに訪れていた女子中学生一名が現場に滞留していた火山ガスで中毒死した。

有毒な火山ガスは硫化水素だけではない。亜硫酸ガス、二酸化炭素、メタン、ヒ素や水銀の蒸気といったものが火山とその近くでは大量に出てきている。

米国ハワイにある火山観測所に勤務する研究者には厳しい雇用契約が待っている。それは、二年を越えて研究を続けようと思ったら「健康を損ねても雇用者である米国政府は責任を負わない」という契約にサインしなければならないことだ。これは火山から出てきている水銀の蒸気のせいだ。

マグマが地球深くから持ってくる「恩恵」はある。金銀銅などの鉱物資源や地熱や温泉といったものだ。他方、有毒な火山ガスや噴火災害もあることは忘れてはいけない。

# 22 溶岩流でハワイが非常事態宣言

二〇一四年九月に、米国ハワイで非常事態宣言が出される事態になった。火山から溶岩が流れ出て住宅に迫っていたのだ。

火山はハワイ島にあるキラウエア山（一二四七メートル）。熔岩が住宅地から約一・六キロの地点にまで迫ってきたことを受けて郡知事は非常事態宣言に署名した。

溶岩流はこの宣言のあと数日から一週間で住宅地に達するのではないかと報じられた。この宣言によって、いざというときに住民が迅速に避難できるよう、住民以外の道路通行が禁止された。

この火山は二〇世紀中に四五回も噴火した活発な火山だ。そもそもハワイ語でキラウエアは「吹き出す」という意味だ。キラウエアは昔から頻繁に噴火を繰り返してきた火山なのである。

熔岩が住宅地を襲った例としてはアイスランドのヘイマエイ火山がある。この噴火は一九七三年。溶岩流は時速数メートルというゆっくりとした速さで町と港へ流れてきた。火山は本土から離れたヘイマエイ島にあり、港は住民にとって唯一の「玄関口」だった。

熔岩は比重が大きいから土塁やコンクリートを置いても軽々と押し流してしまう。住民が考えたのが消防ポンプで大量の海水を溶岩流に放水することだった。これはうまくいった。いくつもの民家が溶岩にのみ込まれたものの、最終的には漁港の手前で熔岩の流れは止まってくれたのだ。

日本人が多くハワイ観光に行くのはオアフ島だが、ハワイは北西から南東へ五〇〇キロあまり拡がる八つの島から出来ている。ハワイ諸島だ。

島が出来た年代は南東へ行くほど新しくて、南東端のハワイ島がいちばん新しい。他方、ハワイ諸島の北西には長い海山《かいざん》列がある。この列はロシア・カムチャッカ半島沖の千島海溝まで延々五〇〇〇キロも続いている。

これは太平洋プレートが北西に動いているのに、ハワイを作ったマグマの「源泉」がプレートよりずっと深い地球内部にあってマグマがプレートを突き抜けて島を作ったためだ。源泉は停まっているのにプレートが動いていく。それゆえ新しい島が次々に南東に作られてきたのである。

ハワイ諸島の北西にある海山列は昔は島だった。それがマグマの供給が止まり、温度も下がって収縮し、島が消えて海山になったものなのである。

熱帯地方ならば、島が縮んで海山になっても、その上の浅い海に次々にサンゴが増殖して島として残るものもある。サンゴ礁だ。しかし、ハワイ諸島から北西に動いていった先は北の海だ。サンゴが育つには寒すぎたのである。

ところでハワイ島の南東にある海底では、いまぶくぶくと火山性ガスを吹き上げている海山が成長を続けている。

すでに海底から三〇〇〇メートルの高さになった。ロイヒと名づけられたこの海山は、あと一〇〇〇メートルほど高くなれば、もっとも新しい島としてハワイ諸島に仲間入りをするはずである。

23

# 火山も原発も透視できる「ミュー粒子」

知らない間に皆さんの身体はもちろん、岩も通過していっている透過力が強い素粒子がある。ミュー粒子というものだ。宇宙線が地球の大気と衝突して次々に生まれている。寿命はたった一〇〇万分の二秒しかないが、一平方メートル当たり毎分一万個も飛んでいる。

このミュー粒子を使って、いままで見えなかった火山の内部が見えるようになった。

だが、それだけではない。メルトダウンを起こした福島第一原発の内部調査にも使われようとしている。

原発の中はめちゃめちゃになっているに違いない。破壊された三基の原子炉の炉心のほか、放射性物質まみれの何百トンものがれき、そして崩れ落ちた原子炉建屋の建材や金属フレーム……。

しかしこの内部、とくに溶け落ちた核燃料が正確にどこにあってどうなっているかは、まったくわからない。これを知らなくては廃炉作業が進まない。

これを調べるために原子炉内に立ち入ることはとうてい不可能だ。カメラを入れるために穴を開ければ、そこから大量の放射性物質が飛び出すから、これも危険だ。

身体の内部ならばX線で透視できるから、骨や内臓の密度が濃淡で表された写真が撮れる。だが原子炉も火山も、X線では通りぬけられない。

一方、ミュー粒子は三メートルもの厚いコンクリートに取り巻かれた原子炉や、火山岩や火山灰に覆われた火山の内部も通りぬけられる。そしてX線写真と同じように内部にあるものの密度に応じた写真を撮ることが出来る。

火山でどのようにマグマが上がってきて噴火に至るのか、噴火の後で残ったマグマはどこへいってしまうのか、といった噴火のメカニズムは、まだ十分にわかってはいない。

ミュー粒子を使った透視は、長野・群馬県境の浅間山や北海道の昭和新山などで始まったばかりだが、まだぼんやりした画像ながら、少しずつわかってきている。

それによれば、浅間山では火道《かどう》の上部に空洞が見えた。火道とは噴火のときのマグマの通り道だ。つまり噴火が終わった後で、火道を満たしていたマグマは冷えて下に落ちてしまっていたことがわかった。

ところで原子炉や核兵器に使われるウランやプルトニウムは特別に密度が大きいのでこの

ミュー粒子を使う透視手法が有効だと思われている。

すでにウランやプルトニウムの密輸を防ぐために、怪しいと思われる船積み用のコンテナ輸送容器を開けずに外部からスキャンするための装置は米国で使われている。

これはまだ、ぼやけた像しか見えないが、その装置を洗練して、福島の原子炉の内部を精密に見ようとしているのだ。うまくいけばいいのだが……。

## 24 日本人全滅の可能性ある「カルデラ噴火」

メルトダウンを起こした福島第一原発の原子炉内部に核燃料は残っていなかった。二〇一五年三月に発表されたミュー粒子を使った世界初の調査の結果だ。燃料は原子炉から溶け落ちてしまっていたのだ。

宇宙の彼方からやってくる宇宙線が地球の大気と衝突して次々に生まれているミュー粒子は一平方メートル当たり毎分一万個も飛んでいる。厚さ一キロメートルの岩でも通す能力を持っているから、分厚いコンクリートや金属に取り囲まれた原子炉の中を透視できる。

もし核燃料があれば、ウランなどは高密度の物質なので黒く写るはずだった。だが原子炉の中はからっぽだったのだ。

このミュー粒子を使った透視の手法は、もともと火山の内部を見るために使われはじめたものだ。マグマが地球深部から火口に上がってくる。どこにどのくらいの大きさのマグマがあるのかを研究するためにこの手法が使われている。

だが、福島の原子炉もそうだが、ミュー粒子は上や斜め上から飛んでくる。それゆえ地面から下のものは見えない。だから原子炉の底を突き抜けて下に行ってしまった核燃料は見えなかったのである。

ところで「カルデラ噴火」というものがある。「破局噴火」とも言われる巨大噴火で、過去一〇万年間に一二回、日本で起きた。

たとえば九州南方に起きた七三〇〇年前の鬼界《きかい》カルデラ噴火では九州を中心に西日本で先史時代から縄文初期の文明が途絶えてしまった。

マグマは周囲の岩よりも軽いから浮力が生じる。カルデラ噴火を起こすマグマ溜りでは、火山の下に大量に溜まったマグマによって大きな浮力が生まれる。

そして、やがてマグマ溜りの天井部分に大きな亀裂が出来てマグマ溜まりが一挙に壊れて大噴火するのがカルデラ噴火なのである。

巨大なマグマ溜まりがあるところは火山の地下である。せっかくの期待の星、ミュー粒子も、火山の山体の地上部分の内部は見えても、地下は見えないのである。

将来は精密な「地震波トモグラフィー」という手法を使えば、この種の地下のマグマ溜りを見ることが出来るのではと思われている。

地震波トモグラフィーとは、火山地帯に地震計を数百個、比較的長期間置いて、四方八方で起きる無数の地震波を精密に観測する手法だ。大変な手間と時間を要する研究である。

カルデラ噴火が起きると、噴火や火山灰の影響で最悪は一億二〇〇〇万人の死者が出るとの予想がある。日本人のほとんどが死に絶えてしまう規模だ。

この次にいつ起きるかについて定説はない。だが、ある研究によれば一〇〇年以内に起きる可能性が一％という。

低いといえば低い。しかし一％とは、政府の地震調査委員会が発表していた阪神淡路大震災（一九九五年）が起きた前日の地震の確率と同じなのである。可能性がないといって安心できるレベルではないのかもしれない。

**25**

# 「プレートの異端児」が引き起こしたネパール地震

また「インド亜大陸」が大地震を起こしてしまった。

ネパールで二〇一五年四月に大地震があり、五〇〇〇人以上が死亡、負傷者は一万人以上にものぼっている。地震のマグニチュードは7・8だった。

インド亜大陸ははるか南極海からプレートに乗って北上してきて、約一〇〇〇万年あまり前にユーラシアプレートと衝突した。しかし、それだけではすまず、いまでも北上を続けようとしてユーラシアプレートと押し合っているのである。

このためプレートの端がまくれ上がってしまって「世界の屋根」ヒマラヤやチベット高地を作った。ヒマラヤはいまでも毎年一センチずつ高くなり続けている。

このインド亜大陸の動きはたびたび地震も起こしている。

近年では二〇〇五年にもマグニチュード7・6の大きな地震がパキスタンを襲って、確認された死者だけでも九万五〇〇〇人以上という大惨事を生んでいる。

また二〇〇八年に中国南西部で起きた四川大地震（マグニチュード7・9）も多くの学校が潰れるなどして九万人以上が亡くなった。このほか二〇一三年にもパキスタンでマグニチュード7・7の大地震が起き、少なくとも数百人以上が犠牲になっている。

今回のネパールの地震もパキスタンや中国の南西部で起きてきた地震の兄弟分の地震である。ネパールでも一九三四年にはマグニチュード8・4の地震で一万人以上、一九八八年にもマグニチュード6・6の地震で一五〇〇人近くが死亡している。

インド亜大陸が動こうとしている限り、この種の地震は、インドの北にあるこれらの国々で続くに違いない。地震が起きるメカニズムは日本とはちがうが、プレートの動きのせいで地震常襲地帯であることは同じなのである。

ところでインド亜大陸はここまで来るあいだに、数奇な運命をたどった。もともとこのインド亜大陸は、ひとつの大きなゴンドワナ大陸と呼ばれる大陸が一億五〇〇〇万年ほど前に分裂して南極大陸ができ、割れた残りがアフリカ大陸、オーストラリア大陸などとともに分かれて、それぞれが北上していったひとつなのだ。

そして、このインド亜大陸がアフリカの東沖、いまフランス領レユニオン島があるところを通ったときに、地球深部から上がってくる「プリューム」の上を通った。プリュームとは、風呂の中を泡が上がってくるように巨大で熱いマントル物質が上がってくるものだ。いわばマグマの「源泉」である。

このプリュームから大量のマグマがインド亜大陸を割って吹きだしてきた。学問的には「洪水玄武岩」という。大量のマグマが出てきて、まるで洪水のように地表を広く覆ってしまうという一種の噴火だ。

出てきたマグマは富士山の体積の一〇〇倍以上という途方もない量だった。こうしてインドのデカン高原ができた。玄武岩の台地で、面積が日本全土の約一・五倍、五〇万平方キロもある。

日本の噴火とは比べものにはならない、過去有数の巨大な噴火だった。その後の暴れ方といい、インド亜大陸は「プレートの異端児」なのである。

# 26 日本で最大の津波を起こした琉球海溝

沖縄・石垣島には漁師がまちがって人魚を捕まえてしまったという伝説がある。

その人魚を海に帰してあげたお礼に人魚から大津波が来ることを教えられた。信じる人たちは山に登って避難したが、信じない人たちは村に残り、村は津波に飲み込まれてしまった。

この津波は一七七一年の「明和の大津波」。宮古・八重山の両列島で死者行方不明者が一万二〇〇〇人以上にものぼった。

東日本大震災が日本海溝に潜り込む太平洋プレートが起こしたのと同じように、こちらは琉球海溝から潜り込むフィリピン海プレートが大津波を起こしたのだ。津波の高さが一〇〇メートルにも達した日本史上最大の津波と言われてきた。

石垣島の東海岸には途方もない大きさの石がいくつも転がっている。大きなものは大型バス二台が並列駐車したくらいの岩で、重さは一〇〇〇トンもある。上に大きな木が茂っている。

これらの巨岩はサンゴが作った石灰岩である。かつての大津波が海底から持ってきたものだ。

この巨岩がいつの津波で上がってきたものか、最近の研究で明らかになってきている。

その手法は「堆積残留磁化《たいせきざんりゅうじか》」を利用するものだ。サンゴが石灰岩になったり、マリンスノーが海底に降り積もるときには、そのときの地球の南北を憶えている。その後の津波で転がって向きが変われば、回転した角度が分かる。海底から海岸に打ち上げられたときに回転しないことはまずないから、回転が分かることは、その岩が打ち上げられたことを意味しているのである。

その後も微弱ながらその後の南北を憶えている。それゆえ再び大津波に襲われて転べば、その岩の磁化から何遍回転したかが分かる。

一方、巨岩だけではなく、もっと小さな岩も打ち上げられた。小さい岩や砂は内陸まで運ばれる。それら大小の岩の分布から、津波の高さも正確に推定できるようになった。

その結果によれば、一七七一年の津波の高さは、いままで知られていたよりも低く、約三〇メートルではなかったかということも分かった。しかし、それにしても大きな津波だった。

これらの巨岩のうち、三五トンほどの重さの岩は一七七一年の津波で回転したものだった。ところが二〇〇トンの岩は一七七一年の津波では動かず、もっと前の、約二〇〇〇年前の大津波で回転したことが分かったのだ。

つまり、大津波は過去何度も琉球海溝で起きて、もっと大きなものも襲ってきたことがあったのである。

日本人が日本列島に住み着いたのはせいぜい一万年前。しかし、地震も津波もそのはるか前から起き続けてきている。

研究が進むにつれて、いままで知られていなかった恐ろしい津波があったことが知られるようになっているのである。

# 27　一〇〇年以上続く余震「嵐の前の静けさ」は本当かも

二〇一五年五月に強い地震があり、岩手県花巻で震度5強を記録した。地元の人たちは久しぶりの震度5だっただけに驚いたことだろう。幸い被害はなかった。

これは東日本大震災（東北地方太平洋沖地震）の余震に違いない。

余震が他の地震と性質が違うわけではない。それゆえ地震学的には余震を他の地震と区別することはできない。

だがこの地震は本震の震源域の中で起きたこと、地震のメカニズムが本震と同じ典型的な海溝型地震であることから、ほぼまちがいなく余震と言っていいものであった。

余震は、怪我をしたあとの「うずき」のようなものだ。本震で地震断層が動いたあと、本震の領域内で小さめの地震が起き続ける。それが余震なのである。

余震は時間とともにゆっくり減っていく。

ただし数学的には原子核の崩壊のように「指数関数で減って」いくのではなく、本震直後の減り方は指数関数より速いのだが、後に長く尾をひくという特徴がある。つまり、意外に長く続くのである。

たとえば米国では余震が二〇〇年以上も続いている例もある。これはミズーリ州とケンタッキー州の州境で一八一一年から一八一二年にかけての三ヵ月弱の間に、マグニチュードが8を超える大地震が続けて三回起きた。その余震である。

日本でも、岐阜県と中心に愛知県や福井県まで地震断層が伸びていた濃尾地震（マグニチュード7・9、一八九一年）の余震は一〇〇年以上も続いていたのが知られている。

しかし日本ではふだんから地震活動が高いので、余震がたとえ続いていたとしても、他の地震にまぎれてしまう。米国では地震の活動レベルがごく低いから、こんなあとになって小さな地震がわずかに起きても、余震に違いないと分かる。つまり日本でも余震は続いているのだが、見えなくなってしまうのだ。

マグニチュード9という東日本大震災くらい大きな地震だと余震はやはり一〇〇年以上も続くと思われている。四年や五年では収まるものではなく、これからも余震が続き、なかには大きいものも混じることは間違いがない。

経験的には最大の余震のマグニチュードは本震よりも約一小さいことが多い。だが、東日本大震災のように陸から遠い海底で起きる地震は別だが、陸で起きた本震では、広がりがある余震域のどこで大きな余震が起きるかによっては、本震なみの震度のこともある。本震で傷んでいる家屋や、崩れかけている斜面の地滑りなどに余震がだめ押しになってしまう可能性がある。

ところで、地震予知はむつかしくて世界でも成功した例はないが、余震のように、起きる場所も、起きるメカニズムもある程度分かっている地震群では、地震予知が出来るのではないかと研究した学者がいる。

唯一分かったことは、大きな余震の前に余震の数が減る静かな期間があることが多いことだった。余震では「嵐の前の静けさ」は本当かもしれない。

そのほかは残念ながら、いつ、どのくらいの大きさの余震が起きるのか、役にたつ情報にはほど遠い成果しか得られなかったのである。

## 28

# 深発地震の脅威　四七都道府県で震度1以上

二〇一五年五月三〇日夜、北海道から沖縄県まで四七都道府県で震度1以上の揺れを観測した地震があった。全部の都道府県で有感になった地震は初めてのことである。

この地震は小笠原諸島近海を震源とするマグニチュード8・1という大きな地震で、震源の深さは約七〇〇キロメートルという深いものだった。この種の深い地震は深発《しんぱつ》地震と言われる。

そもそも地震はプレートの中とすぐ近くでしか起きない。世界でもプレートがたまたま深くまで潜り込んでいるところだけ、こういった「深発地震」が起きる。

起きる場所は今回のような日本南方の海の深部のほか、日本海の深部、南太平洋のトンガ・ケルマデック地域や、サイパン・グアム島の地下や、南アメリカの太平洋岸の地下など、ごく限られたところだけだ。

世界でいちばん深い地震は今回くらいの深さで起きる。とても深いようだが、地球の半径でいえば、せいぜい一〇分の一くらいまでしか起きない。

では、その限界の深さはどうやって決まっているのだろう。それは「海洋プレート」が地球の中に潜り込んでいっている下限なのである。

いや、正確に言えば、深発地震が起きることによって、そこまで海洋プレートが潜り込んでいることが知られるようになったのだ。

たとえばロシア東部の沿岸の地下七〇〇キロメートルのところで深発地震が起きたことがあり、このことから太平洋プレートが日本海溝から滑り台のように地球の中に潜り込んでロシア東部の地下にまで達していることが分かったのである。

だが、世界の深発地震がいつもこの深さまで起きているわけではない。

たとえば同じ太平洋プレートでもアリューシャン海溝では地下二〇〇〜三〇〇キロメートルまでしか深発地震が起きていない。つまり太平洋プレートはこの辺までしか潜り込んでいないことが分かっている。

また、やはり海洋プレートであるフィリピン海プレートは南海トラフから西南日本の地下に潜り込んでいるが、その深さは約一〇〇キロメートルまでにしか達していない。

これは、フィリピン海プレートやアリューシャン列島での海洋プレートが、海溝から潜り込みはじめたのが比較的新しい時代からだったことを示している。

ところで、もっとへんな深発地震の起きかたをしている場所がある。

ニュージーランドの北にあるニューヘブリディーズ海溝や南米の西沖にあるペルー・チリ海溝では、潜り込んでいるプレートが途中で切れて離れてしまっているのではないかと思われている。地震が途絶えている深さがあるのだ。

じつは、深発地震がなぜ起きるのかはまだ学問的にわかっていない。浅い地震のように、押された岩が摩擦の限界を超えて起きるメカニズムは起きるはずがないものなのだ。温度も圧力も高い深発地震が起きる深さでは岩の性質が変わってしまうからだ。

深発地震は今回の地震に限らず、マグニチュードが大きくても大きな被害を生むことはない。しかし深発地震にはまだナゾが多いのである。

# 29 地滑り地形だらけの日本列島

二〇〇八年六月に岩手・宮城内陸地震が起きた。四〇二二ガルという史上最大の揺れ（加速度）を記録した地震である。死者行方不明者は二三人に達した。

岩手県一関市の国道の祭畤《まつるべ》大橋が飴のようにぐにゃりと曲がって落ちてしまった。また、九〇キロメートルほど南の仙台市でも室内に積み上げてあった書籍の下敷きになって男性が死亡した。

しかし、被害はそれだけではなかった。この直下型地震はとてつもない大きさの地滑りを引き起こした。その爪痕は残っていて、いまでも立入禁止になっている。

その地滑りは幅九〇〇メートル、長さ一三〇〇メートルもあった。東京でいえば東京駅から新橋までの全部が滑ったことになる。

滑った土砂の体積は東京ドーム五四杯分にもなった。水平距離で三〇〇メートル以上も移動してしまった場所もあった。地形が大規模に変わってしまったのだ。

この地滑りは急傾斜のところで起きたのではない。わずか一～二度と非常になだらかな傾斜の「すべり面」が滑ることによって起きた。車なら気がつかず、歩いていればようやく気がつく程度の傾斜だ。

この「すべり面」は地下に隠れている。かつて火山灰が降り積もった「シルト層」といわれるものだ。この層がすべったことによって、その上に載っていた土砂がすべてすべってしまったのである。

ちなみにこの地震は、政府の地震調査委員会が発表している地震危険度地図ではまったくノーマークだったところだった。地震予知はかくもあてにならないものなのである。

東北地方だけで幅一五〇メートルを超える大規模な地滑りが起きる可能性がある地形は六万ヵ所もあることが分かっている。

地滑りを起こすのは地震にはかぎらない。大雨でも各地でたびたび地滑りを起こしてきた。地球が温暖化すると、気象が「凶暴化」する。台風はいままでよりも強くなり、いままで降らなかった大雨も各地で降るようになる。

この凶暴化のさきがけではないかと思われている大雨のために、二〇一四年夏には広島市安佐南区を中心に大規模な地滑りが起きた。死者七四名、住宅の全半壊約二五〇棟という大きな被害を生んでしまった。

二メートル四方の土砂の重さは一〇トンもある。直撃されれば人も家もひとたまりもない。

地滑り地形は日本全体だと三七万ヵ所もある。犠牲者が出るほどの大雨や地震による斜面災害は日本でこれまでは二〜三年に一回は起きてきた。だがこれが、もっと増えるかもしれないのだ。

平地が少ない日本ではそもそも崩れやすい地形が多い。地震はもちろん心配だが、地震だけを警戒していればいいというわけではないのだ。

## 30 最前線の研究者も大地震の前には無力だった

トルコを東西に走る北アナトリア断層は、長さ一〇〇〇キロもある活断層だ。

一九三九年にこの断層の東の端で大地震が起きたあと、約六〇年間にマグニチュード7～8の大地震が西に移動しながら七つも起きた。

この「西方移動」ゆえ、一九六七年の大地震の西に次の大地震が起きるにちがいないと各国の地震学者の注目を集めていた。

その東隣ではその一〇年前、さらに東隣ではその一三年前にそれぞれ大地震が起きていたから、次の地震は七〇年代か遅くとも八〇年代だと考えられた。地震予知のデータを集めるために一九八〇年代になってからドイツ、英国、そして遅ればせながら日本の地震学者も参入した。科学は、その最前線で闘っている学者にとっては「競争」なのである。

しかし一九八〇年代まではなにごともなく過ぎた。このため一九九〇年代の始めに英国は研究費が尽きた。撤退したのだ。

この大断層は一本の帯としてトルコを横断しているが、西端だけは南北に枝分かれしている。どちらに地震が起きるかは予想出来なかった。これは賭けだった。ドイツが先に断層の北の枝に展開し、遅れて南の枝に日本は観測網を敷いた。

そして一九九九年、予想された大地震が起きた。マグニチュード7・6のコジャエリ地震。四万五〇〇〇人もの死者が出た。

大地震が起きたのはドイツの観測網のすぐ近くだった。地震の直後に欧州での学会で私に会ったドイツの観測の責任者Z先生は「勝った。これで一六年も待った甲斐があった」と言った。

不謹慎に聞こえるに違いない。だがこれは、結果を予測して現象が起きるのを待っていた自然科学者としての率直な感想なのだろう。

物理学や天文学ならば、同じことを言っても天下に恥じることはない。ほかの科学ならば幸運を喜ぶべき場面でも、素直に喜んではいけないのが地震や火山や台風など、災害に関係する科学者なのである。

ドイツはそれまでに地震、地殻変動、地球電磁気、地下水の化学成分など、考えられるあらゆる観測を展開していた。それまで世界各地で各国の地球物理学者が地震の前兆を捕まえたという報告があった観測のほとんどすべてであった。ドイツ流の完璧さだった。

だが事態は一挙に暗転した。地震後に調べたどの自記（機械が自動的に記録する）観測器にも前兆は記録されていなかったのだ。日本の観測網も同じだった。

その後、Z先生はドイツで針の筵《むしろ》に座ることになった。研究費は打ち切られてしまった。ドイツのZ先生と日本の観測の責任者であるH先生のトルコでの評判は地に墜ちた。地震予知の研究というのでトルコを地震から救ってくれる救世主に見えたのに、二人とも事前にはなんの警告も出してくれず、午前三時という人々が寝静まっていた最悪の時刻に、大地震が人々を襲ったからだった。そもそも、ともに自記記録でリアルタイム記録ではなかった。

さて、どこで、いつ次の大地震が起きるのだろう。それは、誰にも分からない。

# 第3部　暮らしと震災

## ——地震列島・火山列島に暮らす日本人

# 31 噴火口がつくる「天然の良港」

アイスランドに続いて、二〇一四年八月にパプアニューギニアでも火山噴火が始まった。両方とも、私が研究のために行ったところだ。

八月二九日にラバウルにあるタブルブル火山（標高約二二〇メートル）が火山灰を上空一万八〇〇〇メートルまで吹き上げた。噴煙や地鳴りが続いているので火山近くの住民を退避させ、周辺地域の住民にも屋内にとどまるよう呼び掛けた。

ラバウルは日本からオーストラリアへ飛ぶ飛行機からよく見える。このため47節（一五六頁）にあるように火山灰によるエンジンの損傷を怖れて、カンタス航空（オーストラリア）は、シドニー—成田便の航路変更を決めた。

ラバウルはニューギニア島の北東にあるニューブリテン島の町で人口は一〇万人。歴史的な文書が残っている最近二〇〇年だけでも七回もの大噴火があった。

いちばん最近の大噴火は一九九四年で、市街地に三〜一〇メートルもの火山灰が積もった。

商店が並んでいたラバウル中心部は 1994 年の噴火で 3 ～ 5m の火山灰をかぶった＝島村英紀撮影

火山灰は州政府や市役所や警察や消防がある官庁街と商店街を直撃して建物を押しつぶした。噴火直後に熱帯特有のスコールが降ったために泥流と洪水が発生し、降灰の被害はさらに大きくなった。

私が行ったのはこの噴火後の一九九六～一九九七年で、オーストラリアの研究者とともに、ラバウル周辺の地下に拡がっているマグマを探る研究だった。

噴火でラバウルの町は廃墟になったままだった。幸い、今回の噴火はそれほどの規模にはなるまいと思われている。

タブルブル火山は私の滞在中にも小噴火した。その数日前には、私の知人であるスペインの地球化学者が噴気ガスを採取するために山頂に登っていた。危ないところだった。また知人のオーストラリア人の火山学者は、研究を続けていて火山灰を吸い込んでじん肺になった。火山を研究する学者は職業としてはもっとも危ない科学者なのである。

じつは私は一九七一年にもラバウルへ行ったことがある。観測船で訪れたものだ。ラバウルは一九七五年の独立前でオーストラリア領だった。植民地としてのいろいろの問題があったはずだが、緑に覆われた熱帯の楽園に見えた。いつまでも続くように見えた平和な楽園の暮らしは噴火で一変してしまったのだ。

ラバウルは第二次世界大戦中、地理的な位置と天然の良港ゆえ日本軍が南方進出の足がかりにした大基地で、一〇万人もの日本軍が滞在していた。漫画家の水木しげる氏が従軍していて左腕を失ったのもここだ。

州都であり日本軍の大基地でもあった理由、「天然の良港」を作っているのは、じつは海沿いにある昔の噴火口だ。ほぼ円形で外海の波を防げるし、中は十分深い。戦時ならば潜水艦が身を潜めるにも最適だった。

地球科学者から見れば、そもそもラバウルは火山カルデラの中に町を造ってしまったところだ。このためタブルブルほかいくつかの火山に取り囲まれている。

いや、ラバウルには限らない。伊豆大島の南端にある波浮《はぶ》港も噴火口なのだ。世界各地で海際の噴火口は「天然の良港」なのである。

# 32 「地震の名前」めぐる政治的駆け引き

長野県北部で起きた強い地震は名前をつけてもらえなかった。地震に名前をつける権限を持つお役所は気象庁なのだが、名前をつけなかったのだ。

この地震は二〇一四年一一月二二日に起き、三三棟の家が全壊するなど大きな被害が出た。マグニチュードは6・7、震源の深さは五キロとごく浅かった。

地震を命名する気象庁の基準では「地震の規模」として「マグニチュード7・0以上（海で起きた地震ではマグニチュード7・5以上）、かつ最大震度5弱以上」とある。またもうひとつの基準では「顕著な被害（全壊一〇〇棟程度以上など）が起きた場合」とある。全壊したり地震で被災した人にとっては大変な被害をこうむったわけだから、その地震に名前がないのは不満かもしれない。

じつは地震に名前がつくまでには、ときには政治的な綱引きが水面下で行われているのである。気象庁の基準では原則として「年号＋地震情報に用いる地域名＋地震」としてあるが、実態はもっと複雑だ。

一九六八年に「一九六八年十勝沖地震」（マグニチュード7・9）が起きた。函館で大学が倒れるなど、北海道南部と青森県に大きな被害を生んだ。この地震の震源は、北海道襟裳岬《えりもみさき》と青森県八戸のほぼ中間点にあったから、青森県も大きな被害をこうむったのだった。

しかし、地震の名前が十勝沖だったばかりに、国民の同情を集めたり、政府の援助を獲得するうえで、青森県はたいへんに損をした、と青森県選出の政治家は深く心に刻んだのにちがいない。一五年後の一九八三年に秋田県のすぐ沖の日本海で大地震（日本海中部地震。マグニチュード7・7）が起きたときに、この政治家はいち早く気象庁に強い圧力をかけたと言われている。

そして、この地震は明らかに秋田県の沖に起きたのに、「秋田沖地震」ではなくて「日本海中部地震」と名づけられた。

地震学的に言えば日本海「中部」には地震は起きるはずがない。起きたのは日本海全体から言えば、東のほんの端である。日本海中部というのは、科学的にはなんとも奇妙な名前なのだ。日本海で被害を起こすような地震が起きるところは日本海ではごく東の端の日本沿岸だけなのである。中部でも西部でもない。

東日本大震災を起こした地震の名前は「東北地方太平洋沖地震」と名づけられている。考えてみればこれも沿岸各県に政治的な配慮をしたへんな名前だ。「日本海中部」のように「太平洋沖」とするとハワイや南米沖まで入ってしまうから、こんなとってつけたような組み合わせの名前になったのであろう。

かつて一九八七年の国鉄民営化のときに名前を作ったのにまったく普及しなかった「E電」（都市近郊の電車）のように、一般の人々からは忘れられている名前なのだ。

ところで「東日本大震災」のように地震と震災には別の名前がつくことがある。政府（内閣府）が震災に名づけるもので、「阪神・淡路大震災」や「東日本大震災」がある。前者は地震としては「兵庫県南部地震」だ。

地震や震災の名前の命名は、かくも複雑なのである。

# 33 都会と地方の「震災」同規模でも被害は数百倍の違い

前回は地震の名前を各地方が「取り合う」話題だった。国民の同情を集めたり政府の援助を獲得するためには地震の名前に「その地方名」が入っていないと不利になるのだ。

だが地震の命名にはそうではない事情も出てきている。それが明らかになったのは二〇〇〇年に起きた鳥取県西部地震だった。

震源は鳥取県の西部だったが、島根県境からも岡山県境からもそう遠くないところに大地震が起きた。活断層としてはまったくマークされていなかった地震だった。

地震の名前を命名する立場にある気象庁の係官は、この地震にどんな名前をつけるか、複数の県名を入れるのか、胃が痛くなるような思いをしたに違いない。

しかし拍子抜けだった。秋田県の沖で起きたのに、「日本海中部地震」（一九八三年）と名付けられたときとは逆さまのことが起きた。

「地震に県の名前をつけられると観光客が減る」という意向が某県から伝えられたのである。

この結果、この地震の名前は「鳥取県西部地震」とされた。ごく当たり前の名前がつけられた裏には、じつはこういった事情があったのだ。

日本のどの地方でも農業や漁業や地場産業の不振が続いている。頼りは観光だけだ。観光客の足が遠のくことは極力、避けたい。こういった日本の現状が地震の命名にも影響したのだ。

鳥取県西部地震はマグニチュード7・3。この地震は一九九五年に起きた阪神淡路大震災(兵庫県南部地震)と同じマグニチュード、同じ震源の深さの直下型地震だった。

だが、こちらは死者はなく、負傷者は一四〇人だった。六四〇〇人以上の死者と四万三〇〇〇人もの負傷者を生んでしまった阪神淡路大震災とは大違いである。

同じ大きさの、同じ深さの地震が襲っても、なぜこれだけの違いが出たのだろう。

それは「地震」と「震災」の違いだ。地震が大きいほど「震災」も大きくなるのが普通だが、それだけではない。たとえ同じ大きさの地震でも「震災」が大きくなってしまう宿命を持っているのが都会なのである。

だから、阪神淡路大震災や鳥取県西部地震なみの地震が、もし、もっと大きな都会、たとえば東京や大阪を襲ったとしたら、阪神淡路大震災よりもはるかに大きな震災になってしまう可能性が高い。

江戸時代から東京は何度も大地震に襲われたが、そのたびに震災の規模が大きくなってきている。いちばん最近の大地震、関東地震（一九二三年。マグニチュード7・9）では一〇万人を超える死者を生んでしまった。

都会の人口密集地や都会の近くにある工場は地震に弱く、また地震が来たときの被害も拡がりやすい。都会の震災を押さえ込むことは容易ではないことなのだ。

# 34 海洋民族が助かったワケ
## ——スマトラ島沖地震から一〇年

大津波で二三万人以上が犠牲になったスマトラ沖地震から一〇年がたった。

地震が起きたのは二〇〇四年一二月二六日、マグニチュードは東日本大震災を超える9・3だった。

地震はインドネシアのスマトラ島沖で起きたのだが、津波の犠牲者はインドやスリランカ、またアフリカ東部にまで及んだ。四〇〇〇キロも離れた南極の昭和基地でも七五センチの津波を観測したほどの大津波だった。

タイの観光地プーケット島では外国からの多くの観光客も犠牲となった。だが、島の南端で生活する先住民族モーケン族は一人の死者も出さなかった。

地震が起きたのは現地時間の午前八時前。海岸に住むモーケンの人たちは、大津波が襲ってくる二〇分ほど前に海の異変を知った。

モーケンは「海の遊牧民（海のジプシー）」と呼ばれる。海洋民族で海岸に住んだり船上生活をしていて、おもに漁業を営んでいる。

海洋民族にとって潮の満ち干は頭に精密に入っているが、それ以上に潮が引いたのだ。先祖からの言い伝え通り津波が襲ってくる。そう直感し、ただちに二四五戸、約一二〇〇人の集落全員が村の高台に避難した。

地震学の知識では津波の初動は引き波とは限らない。第一波がいきなり満ち波として襲ってくる津波もあるし、この場合のように最初が引き波のこともある。第二波以降の方が大きいことも多い。

日本もそうだが、海洋プレートと大陸プレートが衝突している海溝沿いに起きる巨大地震は多くの場合、同じような震源メカニズムで起きる。

インドネシア付近では、過去にもマグニチュード9クラスの大地震と津波が起きていたことが大地震後の最近の研究から分かってきている。津波で運ばれた海底の砂などの堆積物を陸上で掘削したら、二〇〇四年の堆積物だけでなくその下にもいくつもの堆積物が見つかった。二〇〇四年と同規模の津波が五〇〇〜七〇〇年前など、過去約二五〇〇年間に三回あったことが分かったのだ。

それゆえ同じ海岸で何百年以上も見ていたモーケンの人々は同じような津波に幾度も出くわ

タイ南部のプーケット島に住む海洋民族モーケン。先祖からの言い伝えを守り、津波の被害者を出さなかった＝島村英紀撮影

していたに違いない。モーケンの人たちは、この経験を伝承していたのである。

私が見たモーケンの暮らしは貧しかった。貧弱な漁業と、貝細工など観光客のための土産、沖合の島に観光客を乗せていく通船の運賃などが収入源だ。

じつは、彼らが住んでいる土地はモーケン族のものではない。近年までタイではモーケン族が土地を所有することも義務教育を受けることもできなかったからだ。

いまでも土地は不法占拠している形になっている。このため電気や水道も引いてもらえない。電気は集落の外のタイ人の個人宅から電線を引いてそれを各戸に分配し、電力会社ではなく、その家に電気代を支払っている。水は天水（雨水）と井戸水を使っているが、井戸水は煮沸しないと飲み水には使えない。
世界のどこでもそうだが、先住民族の暮らしは大変なのである。

# 35 「崩壊危険」迫るダビデ像

ルネサンスの巨匠、ミケランジェロの傑作の彫刻が地震で崩壊するのではないかと恐れられている。

イタリア中部フィレンツェ一帯で、二〇一四年一二月下旬から群発地震が続いている。多いときは三日間で二五〇回を超えた。大きめの地震では学校や美術館が閉鎖され、人々は家から通りに逃げ出した。

いまのところ最大の地震のマグニチュードは4・1だが、もっと大きな地震が来るかもしれない。そのときにはこの大理石の彫刻がもたないのではないかと心配されているのだ。

この作品はミケランジェロの代表作、ダビデ像。古代イスラエルの王ダビデをモチーフとした裸像で高さ五メートルあまり、重さ六トンもある。旧約聖書の登場人物ダビデが巨人ゴリアテとの戦いで、岩石を投げつけようと狙いを定めている場面を表現している。

ミケランジェロが一五〇一年から三年がかりで制作したこの大作は、二本の足首で全体の重量を支えている立像だが、その足首部分に微小なヒビ割れがあって、かねてから崩壊の危険が指摘されていた。

このヒビはミケランジェロがこの彫刻を作りはじめるまで材料の大理石が四〇年も放置されていたためなのか、あるいは完成後三〇〇年以上ものあいだフィレンツェ市庁舎があるヴェッキオ宮殿の前に風雨にさらされて屋外展示されていたためなのかはわかっていない。

彫刻は一八七三年になってフィレンツェ市のアカデミア美術館の屋内に移された。いまダビデ像は年間一二五万人を超える観光客が訪れる観光の目玉になっている。

製作五〇〇年後の二〇〇四年になって、ヒビ割れ部分に接着剤をしみ込ませて修復したが、決して十分ではなかった。

そもそも六トンもあるこの巨大な彫刻の重量を細い足首で支えているものだから、地震にはとても弱い構造なのだ。じつは屋外展示の間に五度ほど傾いてしまった。もし傾きが一五度にもなると足首が折れて自重で倒れてしまうという計算もある。

イタリアはヨーロッパでは珍しく地震が多いところだ。二〇〇キロあまり南東にあるラクイラでは二〇〇九年に大地震があり、三〇九人が死亡した。二〇一二年に起きたイタリア北部の地震など二つの地震でも計一七人が犠牲になった。なお、ラクイラの大地震は群発地震が続いた後に来たものだ。

地震対策のため、彫刻が乗る台座の免震工事が計画されているが、邦貨にして二九〇〇万円が必要だといわれている。同じような免震工事は米国ロサンゼルス市のゲッティ美術館で行われ、古典様式の柱を支えている。

だがミケランジェロの彫刻を守るだけでは十分ではない。アカデミア美術館も、同じくフィレンツェにある有名なウフィツイ美術館も耐震性が高くはないことが指摘されている。台座だけではなく、地震で建物が倒壊したり天井が崩れてこないようにする大規模な耐震工事はまだまだなのだ。

さて、これらの工事が次の大地震に間に合うものかどうか。世界が固唾を呑んで見守っているのである。

## 36 阪神大震災から二〇年　時刻の偶然に「神の存在」

二〇一五年一月一七日、阪神淡路大震災から二〇年たった。マグニチュード7・3。六四〇〇人以上の人がなくなった直下型の大地震だった。

中京地区で約五〇〇〇人が死亡した一九五九年の伊勢湾台風から約四〇年。巨大な自然災害の恐ろしさを日本人が忘れかけていたときに襲ってきた大災害だった。

神戸市を見おろす高台にある神戸大学の構内には、この地震で犠牲になった同大学の学生の慰霊碑が建っている。工学部の小林陸一郎非常勤講師が作ったものだ。

そこには三九名の名前が刻まれている。なかには外国人留学生の名前もある。

この三九名の学生のうち三七名は下宿がつぶれて死んだ。自宅から通っていた学生に比べて、下宿生のほうがはるかに死者が多かったのだ。

神戸大学が他の大学と比べて特別に下宿生の割合が高いわけではない。理由は、この下宿生たちは古い木造建築、つまり自宅生たちよりも弱い建物に暮らしていたことだったのである。

地震が起きたのは午前五時四六分。まだ暗い冬の明け方だった。学生たちは深い眠りについていたに違いない。

じつはこの地震では高台で地盤がいいところに建つ神戸大学の建物はひとつも倒壊しなかった。もしこの地震が昼間に起きていたら、これらの学生たちは死ななくてすんだだろう。

他方、「地震が起きた時間」に救われたものもあった。

新幹線だ。地震が起きた時間は山陽新幹線が走り出すわずか一四分前だった。この地震では新幹線のレールを載せている鉄道橋がいくつか落ちた。つまり、もし新幹線が走っている時間だったら、多数の犠牲者を生む事故になっていた可能性が高い。

前著『油断大敵！　生死を分ける地震の基礎知識60』（花伝社）に書いたように、二〇〇四年の新潟県中越地震（マグニチュード6・8）では新幹線が高速で通りぬけた直後に地震が起きて、上越新幹線の魚沼トンネルの中がめちゃめちゃになった。地震が起きたのは一七時五六分だった。こちらも間一髪だった。両方とも、たまたま運が良かったとしか言いようがない。

作家の野坂昭如は次の文章を残している。それには「戦前の大水害や第二次世界大戦での空襲の大被害からの戦後の復興がめざましかったばかりではなく、その後の市街地開発や山を削って海を埋め立てる国土改造の先兵だった神戸を兵庫県南部地震が襲ったこと、しかも季節が冬で、新幹線が通る寸前の明け方だったことに神の存在を確信する」と書いてある。

地震が一日のうちのいつ起きるかについては、いろいろ学問的な研究が行われたが、結論としては、いつ起きても不思議ではないということがわかっている。

つまり、地震が起きる時刻の偶然によって被害のありさまが左右されてしまうのが地震の恐ろしいところなのである。

## 37 南海トラフの「先祖」明応地震の破壊力

恐れられている南海トラフ地震。その「先祖」の大津波に襲われて、以後二〇〇年間も人が住めなかった港がある。

南海トラフ地震には一三回の分かっている「先祖」がある。その先祖は大きさもいろいろあって、いちばん最近の東南海地震（一九四四年）と南海地震（一九四六年）は先祖としては小さめのものだった。

それに比べて宝永地震（一七〇七年）は東日本大震災なみの巨大地震だった。「先祖」は約二〇〇年ごとに大きなものが起きるのではないかという学説もある。

一四九八年に起きた先祖である明応《めいおう》地震は、とてつもない津波を生んだ。

この津波でいまの三重県にあった日本三大港のひとつだった港町では、数千軒の家など町全体が跡形もなくさらわれた。そのうえ地形も変わってしまった。

この港は安濃津《あんのつ》。この港町の復興は二〇〇年後の宝永地震以降にようやく始まったと考えられている。

大津波で壊滅して、歴史からも忘れられてしまったこの安濃津を発掘して調べようという試みが一九九〇年代から始まっている。

発掘では大量の常滑《とこなめ》焼の陶器が見つかった。ここが愛知県・常滑や知多半島で作られた陶器の積出港だったことが分かったのだ。

また積み出し先だった北関東の北武蔵や上野《こうずけ》国などで、一五〜一七世紀にかけて遺跡から常滑焼がほとんど出土しないことがナゾだったが、この安濃津の壊滅のせいだったことも分かった。影響は関東など各地にも及んだのである。

この地震ではそのほか、内陸にあった浜名湖の南岸が切れて、海とつながった今の姿になった。

ところで明応地震での四国や紀伊半島での津波の高さや被害は知られていない。

この時期は応仁の乱以来、ずっと戦乱が続いた時代だった。地震についての詳細な記録を残すどころではなかったのだ。このため震源の拡がりは分かっていない。

この明応の大津波から学んで、その後五〇〇年間もの間、被害をほとんど出していない町がある。

それは津から六〇キロメートルほど南東にある志摩半島の国崎町だ。いまの三重県鳥羽市にある。ここでは津波は一五メートルもの高さで襲ってきて大被害を生んだ。

この大津波のあと、国崎の住民は高台に集団で移転した。その後現在に至るまで五〇〇年の間、低地には戻っていない。

もちろん高台から浜に通わなければならない漁師は大変だ。しかしこのために、その後の宝永地震や安政東海地震（一八五四年）の津波では溺死者はほとんど出なかった。

安濃津はいまの三重県津市だ。東日本大震災のあと津波の怖さを思い出したのだろう、海際の土地の値段が下がり、高台の価格が上がったという。いまでも市街地を少し掘ると水が出てくるようなところもある。

かつて地震で壊滅したところにある県庁所在地は、日本でもここだけだろう。

明応地震でいまの三重県にあった安濃津は壊滅的な打撃を受け、地元の寺社も残らず、それ以前の古文書もなくなってしまった。津観音は七〇九年に創建されていたので明応地震当時はあったがやはり津波の被害に遭い、いまのものは津波後に現在地に移転して再建されたものだ。それゆえ、この地震についての記録はほとんどない。

さらに間の悪いことに、地震当時この地は伊勢神宮、または京都の公家の支配下にあったはずだが、伊勢はこの地震の津波で大被害をこうむり、一方、京都は応仁の乱以降乱れて、記録を残す公家もいなかった。それゆえ他の時期ならば残っている日記などの記録も、この地震にはない。

その後「南海トラフ」の先祖の地震がいくつかあった。だが一七〇七年の宝永地震や一八五四年の安政東海地震は、ここでは津波は明応地震よりは小さかった。このため明応地震なみの津波が来ることは地元では想定されてこなかった。地元では、いまになって慌てている。

# 38 大分で初「地震の遺跡」発見

二〇一四年一二月、大分県では初めて「地震の遺跡」が発見された。

大分市長浜町で行われていた遺跡の発掘調査の現場で、地震による液状化でできた噴砂が見つかったのだ。

中世の大友氏の城下町として栄えた町家の跡。都市計画道路の工事のために二〇一四年五月から遺跡調査を始めていた。

噴砂は地下にある砂が地震の揺れによって地下水とともに地上に噴き出す現象である。

噴砂は約一・五メートル下にあった当時の地下水位付近の砂層から噴き出していて、南北方向に数十本見つかった。それぞれ幅数センチ、長さ十数メートルあった。

発掘現場は戦国時代の町人の住居やごみ穴や井戸の跡が点在しているところだ。噴砂はこの遺跡を分断するように地下から噴き出していた。一方、その後の江戸時代にできた地層では噴砂の影響を受けていないこともわかった。

つまり地震は戦国時代の一六世紀中頃より後で江戸時代の一八世紀より前に起きたことになる。

すると、該当しそうな地震は慶長豊後《ぶんご》地震（一五九六年）か宝永地震（一七〇七年）だ。

このうち慶長豊後地震は別府湾の活断層を震源とした地震で、マグニチュード7と推定されている。村が一つ消えたり、別府湾にあった島が沈んでしまったという歴史が残されている。

この地震は旧暦では文禄五年に起きた。文禄時代には二〜三ヵ月の間に慶長豊後地震、慶長伊予地震、慶長伏見地震と被害地震がたて続きに起きたので、年の途中で「文禄」から「慶長」へ改元された。それほど地震が多い時代だった。

宝永地震は、恐れられている南海トラフ地震の「先祖」で東日本大震災（二〇一一年）が起きるまでは日本最大の地震だったと思われていた地震だ。大分県佐伯市で一一メートルを超える津波が襲ってきたことが記録されている。

このどちらの地震による噴砂かは分かっていない。だが今後の発掘でさらに詳しい年代が分かる可能性はある。

ところで北海道では先住民族は文字を持たず、古い歴史文書がない。一九世紀になっても「遺跡」に頼らないと昔の地震が調べられないことがある。

札幌市が行っていた遺跡調査で札幌市内北部の北海道大学農場で石狩地震（一八三四年）での液状化の跡が見つかった。解析によればここで震度6だった可能性が強い。震源から二〇キロも離れた札幌市内でこれだけの震度だったことから、マグニチュード6・4と思われていた地震はもっと大きかったことが分かったのだ。

ちなみに当時はいま札幌市が拡がっている場所にはまだ人は住んでいなかった。日本海に面した海岸沿いだけにわずかな人が住んでいただけだった。

地震計のなかった時代の昔の地震を調べる「古地震学」は、こうして少しずつ昔の地震を解明していって将来への教訓を得ようとしているのである。

# 39 警察署長がウソついた「諏訪大地震」

第二次世界大戦が終わりかけていたころのことだ。一九四四年一二月七日に大地震が長野県諏訪《すわ》地方を襲って大きな被害を生んだ。

地震後二時間あまりで諏訪警察署長の布告が出た。「本日午後一時四〇分ごろ、諏訪市を震源とする地震発生。市内に大きな損害が出たが郡民は流言に惑わされず、復旧と生産に励め」とあった。

諏訪地方では建物の損壊が三〇〇棟を超え、多くの死者も出るなど大被害を生んでいた。なかでも諏訪湖の南に集中していた多くの軍需工場が大被害をこうむった。学徒動員や工員に多数の死傷者が出た。

軍需工場が数多く倒壊したのは昔の田圃など地盤が悪いところに建てられていただけではなくて、建物の木材も細く、筋交《すじか》いのような補強材も不足していたからだ。つまり、戦争末期になってから慌てて作られた工場だった。

大昔の諏訪湖はいまより倍くらいも大きかった。その南側が川が運んできた堆積物で埋まり、人々は田圃を作った。それゆえ湖の南側は地盤が軟弱で、地震の被害が大きくなりやすい。しかし警察署長の布告はウソだった。震源は諏訪ではなく、二〇〇キロメートル以上も南で起きた東南海地震（マグニチュード7・9）だったのだ。この地震は愛知県から三重県の沖にかけての海底で起きた海溝型地震で、いま恐れられている南海トラフ地震の「先祖」のひとつだ。

愛知県とその周辺では被害は甚大だった。とくに名古屋市を中心とした中京地域は航空機産業の中心だったため、軍用機を生産する工場が壊滅的な被害を受けて「逆神風」と言われたほどだった。

この東南海地震は新聞やラジオでは軍部の意向で、ほとんど報道されなかった。戦争中だったために厳重な報道管制が敷かれていたからだ。軍需工場の被害を伏せるためと国民の戦意を低下させたくないないという軍部や日本政府の思惑があったのである。

なお、このころ太平洋やアジア各地で日本軍の敗退や玉砕が続いており、これらの情報も同じ理由から報道されていなかった。

東南海地震では死者行方不明者数は一二〇〇名余、住宅の全半壊は五万四〇〇〇軒とされている。だが被害は報道されなかった。

また、被害を受けた各地の住民も「被害について話さないように、話すことはスパイ行為に等しい」と指示された。

諏訪警察署長は、東南海地震について知っていたに違いない。戦後調べたところでは、諏訪市役所にあった地震関係の資料も戦時中の資料とともに、軍部の命令ですべて焼かれていた。長野県民は長らくこの地震の真相を知らないままだった。

この「諏訪大地震」がじつは東南海地震だったということが地元の研究家によって地震学会で発表されたのは一九八七年になってからだ。地震後四〇年も後だった。

諏訪は長野県内では唯一の被災地だった。地盤のせいで震源に近い飯田市や伊那市よりはずっと大きな被害が出てしまったのだ。

# 40 江戸時代は桶の水で震度を判断

気象庁が震度計を導入したのは一九九六年からだ。いまは全国四二〇〇地点に震度計がある。このうち気象庁のものは六七〇、あとは地方自治体などで観測して気象庁へデータを送ってくるものだ。

気象庁が震度を観測して発表するようになったのは一八八四（明治一七）年のことだ。この後、気象庁職員が体感で震度を決めて発表していた。

地震が起きたときに、それぞれの地域でただちに対応しなければならない自治体関係者や防災担当者にとっては、分かりやすい明解な基準が必要なのである。震度はこれにぴったりのものだった。

じつは震度を知る必要性は明治以前からあった。

江戸時代には、首都圏の地震は、いまよりずっと多かった。とくに江戸時代の前期、将軍徳川家光から家綱に至る寛永、慶安、正保期は大地震がたびたび江戸を襲った。

このころ武家では、地震など大きな災害のときには目上への「御機嫌伺い」を迅速、適切に行わなければならなかった。

御機嫌伺いとは火事羽織を来て、刀を持参、夜は提灯《ちょうちん》を持って幕府の門に馳せ参じることだ。また将軍や若君のほか女中衆にも見舞い状や使者を送ることも含まれる。なかなか気をつかう行事なのである。

幕藩体制の厳しい身分制度のもとでは、地震などの災害が起きたときの組織や個人の身の処し方は、もし失敗したら身が危うくなるほどの試練であった。

そのころには老中から申し渡しがあって、非常の際に登城すべき要人や、御門での対応の手順まできちんと決まっていたほどだ。

地震はほかの災害と違って、いきなり来る。このため気象庁の震度計がなかった当時、いちばんの問題は、どのくらいの震度ならば馳せ参じるか、という基準だった。大きな震度があったときに行かなければ、もちろんとがめられる。しかし小さな地震で馳せ参じれば、それはそれで滑稽で迷惑なことになるからだ。

こうした中で「天水桶《おけ》の水こぼるれば御機嫌伺い」とされていた。つまり、桶に水をためておいて、それがこぼれるほどの地震ならば馳せ参じるというわけだ。桶が簡易震度計になっていたのである。

しかし、これは地震の揺れの周波数や桶の大きさで違ってしまうものだったし、あるいは地盤の善し悪しで違うかもしれないし、桶の水量による違いかもしれない。

つまり所詮、これは簡易震度計。それゆえの悲喜劇もあった。

たとえば一六九六（元禄一〇）年の地震では、下谷（現東京都台東区）の対馬藩邸は天水がこぼれるほどの揺れではなかったので御機嫌伺いしなかった。だが本所（同墨田区）の津軽藩邸や青山（同港区）の肥前鹿島藩邸は天水がこぼれたので使者を派遣した。

江戸に集められた大名や幕臣たちは幕府の一挙一動にピリピリしていた。地震の揺れの客観的な基準が必要だったという点では現代の防災担当者と変わらなかったのである。

## 41

# 戦災に追い打ちをかけた巨大地震

福井地震といっても地元以外では知っている人は少ないかもしれない。

一九四八年に福井市とその近郊を襲った地震。直下型地震としてはすさまじい地震だった。福井平野の北部では九八～一〇〇％もの家が倒れてしまった町や村があった。

阪神淡路大震災（一九九五年、マグニチュード7・3）以前には半世紀も戦後最大の地震による犠牲者約三八〇〇人という不名誉な記録を保持していた。

マグニチュードは7・1だった。マグニチュード8も珍しくない海溝型地震とくらべては地震のエネルギーは小さかったが、人々が暮らしているすぐ下で起きる内陸直下型地震はこのくらいのマグニチュードでも大被害を生むのである。

人口全体に対する死者の数がこれほど多かった地震もめったにない。福井市のすぐ北に接する現在の坂井市では、死者が人口の五％にも達した。これは福井市全体の一％や阪神淡路大震災のときの神戸市の〇・三％とくらべてもはるかに多かった。

これは地盤が軟らかかったので地表での揺れが大きくなってしまったことによる。福井市とその周辺の市町村が載っている堆積盆地が地震の揺れを増幅してしまったのである。この堆積盆地は福井盆地を流れ、坂井市で日本海に注ぐ九頭竜川《くずりゅうがわ》が作ったものだ。

じつはこの地震の被害が大きくなってしまったもうひとつの要因があった。

福井市は地震の三年前の一九四五年、敗戦のわずか一月前に米軍機による大規模な無差別爆撃（空爆）を受けていた。このため二万戸以上が焼失、九万人以上が罹災し、死者数も一五〇〇人を超える甚大な被害を出していた。

これは一九四五年に日本の中小都市を軒並み襲った爆撃のひとつだった。地方都市への爆撃としては、この福井市への爆撃は全国でも有数の大規模なもので、富山市、沼津市に次ぐものだった。

戦後すぐ襲ってきた福井地震は福井市民にとってはダブルパンチだったのである。

空襲の大被害のためにその後に建てられた多くの住宅は急造のバラックなどの弱い住宅だった。これが倒壊率が高かった一つの原因になった。

福井地震の震度はいまならば十分に震度7にあたるが、当時はまだ震度は6までしかなかったので公式記録には震度6としてしか記録されていない。この福井地震の大被害を見て翌年気象庁は震度階に震度7を追加した。実際に震度7がはじめて記録されたのは阪神淡路大震災だった。

この福井地震は誘発地震ではなかったかという学説がある。その四年前の一九四四年に起きた海溝型地震、東南海地震（マグニチュード7・9）によって引き起こされたという説だ。大地震は震源域の外側で誘発地震を起こすことがある。

いまの福井市には地方都市には珍しく広い通りが走っている。これは福井地震で壊滅的な被害を受けたあとに行われた都市計画のおかげなのである。

# 42 世界の気候にも影響を及ぼす火山灰

いまから二〇〇年前、現在に至るまで世界最悪の噴火が起きた。

一八一五年四月にインドネシアのタンボラ山が大噴火を起こしたのだ。

噴火で村が丸ごと消滅し、インドネシアでの噴火による直接の死者は一万人にのぼった。そして噴火後の食料枯渇のため餓死や流行した疫病を含めてインドネシアでは九万人もの死者を出してしまった。

しかしそれだけではすまなかった。影響は世界中に及んだのだ。

噴火があった一八一五年の夏は世界的に異常な低温になった。上空高く舞い上がった火山灰は世界中に拡がり、地球に降り注ぐ太陽熱を遮って世界の気候を変えてしまった。

米国北東部では六月に雪が降るほどの異常低温になった。英国やスカンジナビア半島でも五月から一〇月まで長雨と低温が続いて農作物が不作になった。

ヨーロッパでは食料難から各地で暴動が発生した。なかでもスイスは深刻だった。子どもに食べ物を与えられなくなった母親たちが、飢餓で苦しんで死んでいくわが子を見るに堪えず自らの手で殺害した。彼女たちは後に裁判にかけられ、斬首刑となった。

翌一八一六年も世界各地で「夏のない年」と言われた。噴火後五年間にもわたって、世界各地で太陽が異常に赤っぽく見えたり、太陽のまわりに大きな輪が出現する「ビショップの環」が見えたりした。噴火で舞い上がった火山灰は、それほど長い間、世界中の空を漂っていたのである。

もっと大きな影響があった噴火も過去にはあった。

同じインドネシアのクラカタウ火山は西暦五三五年に大噴火して地元にあった高度な文明が滅びてしまった。だがそれだけではすまず、この噴火による気候変動を発端として、東ローマ帝国の衰退が起き、イスラム教が誕生し、中央アメリカでマヤ文明が崩壊し、少なくとも四つの新しい地中海国家が誕生し、ネズミが媒介するペストが蔓延したことなど、人類にとっての大事件が次々に引きおこされたのではないかと言われている。

じつはクラカタウ火山は一八八三年にも大噴火した。このときも北半球全体の気温が下がるなど世界の気候が変わってしまった。数年にわたって異様な色の夕焼けが観測された。ノルウェーの画家ムンクが一八九三年に制作した代表作「叫び」は、この夕焼けがヒントになっていると主張している学者もいる。

二〇一五年四月に南米チリでカルブコ火山が四三年ぶりの噴火をして、地元で六五〇〇人もが避難を強いられた。

この噴火での火山灰は一万五〇〇〇メートルまで上がった。成層圏だ。この高さまで上がってしまった火山灰は世界をめぐる。

もし火山灰の量が多ければ、一八一五年のタンボラ山ほどではなくても世界の気候に影響するかもしれない、と地球物理学者は心配しているのである。

## 43 いつの世も火山活動に振り回される観光産業

気象庁が渋い顔をしているなか、地元が火山の入山規制を解除してしまったことがある。噴火の危険を発表するのは気象庁や火山噴火予知連だが、入山規制は地元の市町村長が決定する。

二〇〇〇年夏のことだ。その年の四月から磐梯山（一八一六メートル。福島県）では火山性地震が増えた。八月に入って地震は急増し、一五日には一日に四〇〇〇回を超えた。四〇年前、ここに地震計が置かれて以来最も多い地震だった。

このほかマグマが活動的なことを示す低周波地震や、噴火の前に出ることが多い火山性微動もたびたび発生するなど、噴火の恐れが高まった。これらも四〇年来初めて観測されたものだ。

悪夢が皆の頭をよぎった。一〇〇年ほど前のすさまじい噴火だ。この噴火で東京ドームの八〇〇杯分、一〇億立方メートルもの途方もない量の岩石が噴出した。二〇一四年の御嶽山噴火の二〇〇〇倍以上にもなる。

この噴火は四七七人もの犠牲者を生んだ。いくつもの村や山林や耕地が埋まっただけではな

磐梯山。1888年の噴火で北側（写真右手）に向かって巨大な山体崩壊を起こした跡が痛々しい＝島村英紀撮影

く、川がせき止められて五色沼も作られた。

八月一六日に気象庁は「臨時火山情報」を発表、翌一七日には関係する地元の町村の担当者が集まって磐梯山の入山規制を決めた。地元の新聞から号外も出た。

気象庁が噴火警報レベルの仕組みを導入したのは二〇〇七年だから、このときは臨時火山情報が唯一の警報だった。

いつ噴火しても不思議ではなかった。他の火山では、この程度の前兆で噴火した例はいくらでもあった。

しかし、八月がすぎ、九月になっても、噴火は起きなかった。一方、火山性地震は次第に減りはじめていた。

観光で生きる地元は、じりじりしたにちがいない。観光客は目に見えて減っていた。

気象庁や噴火予知連が渋い顔をしているのを尻目に、地元の三町村は九月二三日、独自の判断で入山規制を解除してしまった。

このときに地元福島県の消防防災課（噴火や災害の担当部署）は全国の地震・火山学者にアンケートのメールを送って、見通しを聞いた。私も聞かれた。

アンケート後、県からお礼のメールは来たが、肝腎の集計した結果や、そもそも何人に聞いて何人から返事が来たのかについては、ついになにも教えてもらえなかった。アリバイづくりに使われたのであろう。

結果的には気象庁の判断よりは正しかったからいいようなものの、なにかあったら観光産業を救うために観光客を犠牲にしかねない判断だった。

だが、「引き続き注意が必要です」といった紋切り型の発表にしびれを切らした地元の独走は痛いほど分かる。

磐梯山の「噴火騒ぎ」は古くて新しい問題だ。あてにならない噴火予知のレベルと政治的な判断の間で揺れる気象庁と地元との軋轢《あつれき》は、いまの箱根や、これから各地の火山でも繰り返されるにちがいない。

磐梯山の噴火は一八八八年七月一五日だった。以後、毎年噴火の日に行われている供養祭が地元の寺で二〇一五年七月にも行われた。

## 44 津波被災地が抱える復興後の課題

東日本のすぐ西側の日本海にプレート境界があることが常識になっている。この境界には西側にユーラシアプレート、東側に東日本を載せた北米プレートがある。

しかし、この「常識」が作られたのはそれほど昔のことではない。一九九三年に起きた北海道南西沖地震が、この「常識」を確たるものにしたのだ。

北海道南西沖地震が起きたのは一九九三年七月。北海道南部の日本海岸沖に起きた。マグニチュードは7・8。大津波が発生して、その死者行方不明者は二三〇名を数えた。

気象庁が出した津波警報は、震源に近い奥尻島では間に合わなかった。そのためもあって、おもに奥尻島で大きな被害を生んでしまった。

この地震の一〇年前、一九八三年に秋田県の沖で日本海中部地震（マグニチュード7・7）が起きて、一〇〇名もの津波による犠牲者を生んでいた。この二つの地震とも、プレート境界で起きる海溝型地震だった。いわば兄弟分の地震で、同じように大きな津波を生んだ。

北海道南西沖地震のあと北海道・奥尻島で作られた長大な防潮堤。今後の維持管理費が問題になっている＝島村英紀撮影

日本海中部地震が起きたときに、ここにはプレート境界があるはずだ、と言い出した学者がいた。中村一明さんと小林洋二さんである。それまでは東日本も日本海もユーラシアプレートに載っていると思われていたのだ。

しかしこの学説は冷遇された。日本の地震学会は保守的な体質だ。当時の学会の定説から離れたものは認めなかったのである。

だが、北海道南西沖地震も起きたことで認めざるをえなくなった。一〇年という期間は二人にとっては長かった。

北海道南西沖地震で被害が集中した奥尻島は面積一四三平方キロメートル。島全体が奥尻町になっている。

阪神淡路大震災（一九九五年）よりも前だったこともあり、国や北海道、それに全国からの復興支援金が集まり、その総額は地震の被害額七〇〇億円をはるかに超えた。

この復興支援金がいちばん多くつぎ込まれたのが総延長一四キロメートルもの防潮堤だった。また町の中心の青苗地区には人工地盤の高台が作られた。住宅も高台に移転し、四二ヵ所の避難路も作られた。被災者には新規住宅建設の費用として一四〇〇万円が支給され、漁船も新造された。復興支援金も使い果たされ、さらに町は債券も発行した。

だが、その後の奥尻島には大きな問題がある。人口の減少と産業の不振だ。観光と漁業が主な産業だが、両方とも落ち込んでいる。人口もピークでは九〇〇〇人、地震時には四七〇〇人だったが、いまは二九〇〇人になってしまった。

二〇四〇年には人口がさらに減って一〇〇〇人になるという見通しもある。それだけではない。せっかく作った防潮堤などのコンクリート構造物の寿命は四〇~五〇年しかない。

つまり二〇四〇年には「限界集落」を超えてしまうだけではなく、老朽化した防潮堤などの維持費も出せなくなるかもしれないのだ。

地方を襲った大地震。「復興の優等生」も大きな問題をかかえているのである。

# 第４部　地球物理学の豆知識

## 45 死亡事故多数、最も危険な火山学者

いちばん危険な研究に従事している科学者は火山学者に違いない。私が知っているだけでも何人もの火山学者が火山で命を落としている。

たとえばフランス人のクラフト夫妻は一九九一年に雲仙普賢岳で火砕流に巻き込まれて亡くなった。夫妻は火山の写真や映画を撮影するパイオニアで、危険な溶岩流の目の前まで行って火山の映像を記録するので有名な科学者だった。

米国西岸にあるセントヘレンズ山の一九八〇年の噴火でも、定点観測をしていた米国のジョンストン博士が噴火で死亡した。

またパプアニューギニアのラバウルにある火山は一九九七年の私の滞在中に噴火したが、その数日前には私の知人であるスペインの火山学者が噴気ガスを採取するために山頂に登っていた。危ないところだった。このほか火山学者が噴火の被害を間一髪でまぬがれた例は多い。

研究の相手が火山であり、そのなかでも噴火は最大の研究テーマでもあるわけだから、どうしても噴火口の近くに行かなければならない。予知できない大噴火が目の前で起きたら犠牲になってしまうことが多いのである。

火山学者が噴火口に近づかなければいけない理由はいくつもある。噴火から出てきた火山灰や火山ガスを採取して、その成分を調べることは火山を研究するイロハのイだ。これによって

私の滞在中に噴火したタブルブル火山。噴火の直前に火山学者が火口に登っていた＝島村英紀撮影

二〇一四年九月の御嶽噴火が水蒸気爆発だったことも、同年一一月の阿蘇山の噴火がもっと段階が上がったマグマ噴火だったことも分かった。

火山灰はこのようにたくさんのことを物語ってくれる。火山とその噴火の段階ごとに特徴があり、グリーンランドで氷河のボーリングをしたときに、一七八三年の浅間山の天明噴火の火山灰が見つかった。地球を半周してここまで達して

いたのだ。

火山学者の危険はそれだけではない。知人のオーストラリア人の火山学者は長年の研究生活で火山灰を吸い込んでじん肺になってしまった。じん肺は火山学者の職業病のようなものなのである。


学者が近づかなければいけない理由はそのほか、火山性地震を調べるための地震計やマグマの動きにともなう山体膨張を測る傾斜計の設置もある。写真やビデオの記録ももちろんである。

ところで、このような危険を冒さなくてもデータが取れる装置が最近では試みられている。

二〇一四年一二月にはドローン（無人超小型ヘリコプター）を使った「災害対応ロボット」の実験が鹿児島・桜島で行われた。

このロボットは火口周辺を撮影するほか、ワイヤーで吊ったカゴから地表に積もった火山灰も採取する。つまり火山学者がいままで危険を冒していた観測を無人ロボットで代行しようという試みだ。

だが観測器の設置が出来るわけではない。積載カメラによる観察も専門家の眼から見れば限界がある。噴火する火口を自分の目で見てみたい、そしてサンプルを自分で見つけて取りたい、と火山学者の血が騒ぐのは、この程度のロボットでは抑えきれない衝動なのである。

# 46 中森明菜事件で逃した噴火の決定的瞬間

中森明菜が〝原因〟で、テレビ局が火山噴火の決定的な画像を撮りそこなったことがある。

一九八九年六月三〇日、伊豆半島の伊東市の沖で群発地震がはじまった。七月九日にはマグニチュード5・5の地震が起きた。この地震で家具が倒れて下敷きになるなど二一人の怪我人が出た。

伊豆半島の東の沖にはよく群発地震が起きる。数年おき、ときには毎年のように起きてきている。しかしこのときは、それまでの群発地震とは違った。七月一一日からは「火山性微動」が観測されはじめたのだ。火山性微動は火山が噴火する直前に出ることが多い。マグマの動きとともに地面が連続的に揺れ続ける現象だと考えられている。

気象庁は噴火の危険性が高いと発表した。だがどこで噴火するのかはわからなかった。どこで噴火がおきてもおかしくないと報道され、人々に不安が拡がった。

伊豆半島の東部からその沖の海中にかけての一帯には「伊豆東部火山群」といわれる小さな

火山がたくさんある。それらは「単成火山《たんせいかざん》」というもので、富士山のように噴火を繰り返すのではなく、たった一回だけの噴火でできた火山である。

伊東市にある大室山《おおむろ》（標高五八〇メートル）も典型的な単成火山だ。約四〇〇〇年前に作られ「甘食」そっくりの形（平べったい円錐形）をしている。

群発地震はなかなかテレビ向きの画にはならない。だが火山の誕生となればインパクトが違う。このためテレビ局の多くが伊東に駆けつけた。

しかしテレビ局にとって別の大ニュースが伝えられた。中森明菜が自殺未遂事件を起こしたのだ。交際をしていた恋人で歌手の近藤真彦の自宅でのことだった。

このため伊東にいたテレビクルーのほとんどはあわてて帰京した。

その「留守」の七月一三日の一八時三三分、伊東のすぐ沖で海水を盛大に吹き上げて海底噴火が始まった。まだ明るい時間だったし、陸地から二キロあまりの目と鼻の先なのでよく見えた。

この噴火をとらえたテレビカメラは残っていた一社だけだった。大部分のテレビ局は、伊豆東部火山群としては有史以来初めての噴火を逃してしまったのである。

じつはこの噴火では観測船が間一髪のところだった。海上保安庁の観測船「拓洋」がこの一

伊豆半島の東部から東沖にかけては、この大室山のような「単成火山」が多い。まるで甘食の形をしている＝島村英紀撮影

帯で海底地形の変化を測っていた。これは船を東西南北に走らせながら船の下の水深を超音波を使って測るものだ。この調査で拓洋は海底から高さ二五メートル、直径四五〇メートルの円錐形をした海丘を発見していた。以前にはなかったものだ。

そして引き続き周辺の調査をしていたときに、この海丘がいきなり噴火したのだった。

もし真上にいたら一九五二年の観測船「第五海洋丸」事故の再来になったかも知れない。西之島新島と本州のあいだにある明神礁《みょうじんしょう》。海底火山の噴火で吹き飛ばされて三一名全員が殉職した。

火山の噴火は専門家でも予知できないほど、突然に起きることがあるのだ。

# 47 ジャンボ機のエンジン停止させる噴煙
## ――一〇〇キロ以上離れた澄んだ空にも潜む危険な存在

地球物理学者が一般の人が知らない危険を知っていたことがある。大型ジェット旅客機B747ジャンボの四基全部のエンジンが飛行中に停止してしまったことだ。起きたのは一九八三年から一九八九年。インドシナ半島の上空で二回、米国アラスカ州の上空で一回、合計三回も全エンジンが停止した。これは学会誌に報告されているが、三件とも幸い大惨事にはならず、地表に激突する前にエンジンが再始動したので新聞やテレビでは報道されなかった。

原因は遠くの火山の噴煙だった。もちろん、パイロットは目の前にある火山の噴煙を突っ切ろうとはしない。また噴煙は機首にある気象レーダーでもよく見える。だがこの事件は、こういった「見える」噴煙から数十キロメートル、ときには一〇〇キロメートル以上も離れた澄んだ高々度の青空で起きた。インドシナ半島上空でジェットエンジンを止めたのは、はるか遠くのインドネシアの火山からの薄い噴煙だった。

噴煙には大量のガラス質の岩石の粉が含まれている。細かいものだから火山からはるか離れた上空まで漂っている。

尖って硬い火山灰がエンジンに吸い込まれると、高速で回転しているタービンブレードなどエンジンの主要部分の金属をヤスリをかけたように削ってしまう。自動車とちがって飛行機にはエンジンに飛び込む異物を取り除くエアクリーナーはないのだ。

そのうえ火山灰はエンジンの高温で溶け、エンジン内部に焼き付いてしまう。削られたうえに重い異物を付けられたらエンジンはたまらない。

二〇一〇年にアイスランドで火山が噴火して、欧州で一〇万便以上が欠航して何百万人もの乗客が足止めされた。

地球では上空どこでも偏西風という強い西風が吹いているから、アイスランドからの噴煙は東の欧州全域を薄く覆った。一九八〇年代の苦い経験から、航空会社は噴煙が目には見えない薄いものでも危険なことを知って運航を止めたのである。

二〇一五年八月にはアイスランドにあるバルダルブンガ火山が噴火する兆候があった。火山は標高約一九〇〇メートルで、最後に噴火したのは一九九六年。欧州最大級のバトナ氷河の下にある。幅は二・五キロにも伸びていて、アイスランド特有の「割れ目噴火」を起こしてきた。

火山周辺で地震活動が活発化していて小噴火も始まった。八月一六日朝から三〇〇〇回もの火山性地震が続いた。一八日にはマグニチュード4・6、二六日には前回の噴火以来最大のマグニチュード5・7の地震が発生した。

アイスランドでは一九日に火山北側の住民避難を開始したほか、火山周辺では道路が閉鎖された。噴火したら氷河が融けることによって大洪水が発生するからだ。

結局、バルダルブンガ火山は八月末から九月のはじめにかけて噴火したものの、懸念していたほどの大噴火ではなかった。このため、欧州の航空関係者は胸をなで下ろした。

アイスランドに火山が多い理由は、ここでユーラシアプレートと北米プレートの二つが生まれているからだ。この二つのプレートは地球をそれぞれ半周して日本で再び出会う。つまり日本の地震の「源流」はここにある。私が研究のために一三回も同国を訪れた理由はここにあるのだ。

# 48 現代社会を混乱させる磁気嵐
## ——普段より一〇〇倍も強い「太陽フレア」発生

二〇一四年九月に大規模な磁気嵐《じきあらし》というものがあった。

地球は巨大な磁石になっていて、その磁石の作ってくれた地磁気のバリアのおかげで人類など生物は強い宇宙線からさえぎられている。しかし太陽から出る「太陽フレア」がこのバリアを一時的に乱してしまうのが磁気嵐なのである。

九月中旬に、いつもよりも一〇〇倍も強い「太陽フレア」が出た。その太陽フレアからは「コロナ質量放出」といわれる荷電粒子のかたまりが噴出し、それが地球に達すると磁気嵐になる。

太陽フレアは太陽黒点から出る。その規模はエックス線強度によって五段階に分類されるが、今回は最も規模が大きいクラス五だった。黒点は太陽の表面としては表面温度が相対的に低いところだが、それでも温度は約四〇〇〇度もある。

磁気嵐が発生すると、地磁気が大きく乱れる。このため人工衛星やGPS（全地球測位システム）などの人工衛星や、航空や漁業に使っている無線、それに送電網などに障害が出る恐れがあった。悪くすると国家レベルの甚大な被害を及ぼす恐れさえあったので各方面で厳戒態勢が敷かれていた。

さいわい緊張の一週間がすぎて、今回は心配したほどのことはなかった。

だが、太陽フレアによる影響は過去にも起きている。たとえば一九八九年にはカナダで大規模な停電が起きたほか、二〇〇三年には日本の人工衛星が故障したこともある。

じつはハトは磁気を感知するのだ。磁気嵐がハトレースに大きな影響を及ぼしたことがある。

いまのようにインターネットが発達する前は、伝書バトは重要な通信手段だった。小さく巻いた写真や図面を足に付けた伝書バトは世界のニュースを伝えていた。

このため昔から伝書バトのレースが行われてきて、伝書バトの意味がなくなった現代でも世界各地でハトレースが行われている。元来は実用の道具だった馬も自動車も競争の道具にしてしまった人類のことだから、ハトも恰好の道具として選ばれたのであろう。

ところが、このレースが悲惨な結果に終わったことがある。選ばれてレースに出るほどの方向感覚が優秀なはずのハトが道に迷ってしまったことがあるのだ。

一九八八年六月に、フランスから英国へ向けて行われた国際レースはとりわけ悲惨だった。

五〇〇〇羽のハトが放たれたが、二日後のレース終了までにゴールに到着したハトは二〇分の一にしかすぎなかった。ほとんど全滅だったのである。

ハトのレースの主催者は、事前に地球物理学者に訊くべきであったのだ。その日はたまたま大規模な磁気嵐の日だったからである。

ハトは磁気を感じて方向を知るに違いない。そしてハトだけではなく渡り鳥や、もしかしたら生まれた川に帰ってくるサケも感じているのかもしれない。

じつは私の知人のフランスの地球物理学者は、カーテンの後ろに隠した磁石の位置を正確に当てる。そしてこの能力は彼の娘にも遺伝しているのだ。

さて、あなたは磁気を感じられるだろうか。

# 49 「太陽系外惑星」に高等生物が生存する？

二〇一四年には一〇月に皆既月食、翌週にはオリオン座の流星群があった。久しぶりに星空を眺めた人も多かったに違いない。

かつての「地球物理学」という学問はいくつかの大学では「地球惑星科学」になっている。地球をもっと知るためにはほかの惑星を研究しなければならない時代なのである。

その学問の最新の話題は「太陽系外惑星」。地球は太陽系にある惑星のひとつで、火星や木星のきょうだいだ。しかし、宇宙には太陽のような恒星《こうせい》はあまたあり、それぞれが太陽系の惑星のような「子分」の星を従えている可能性が高いことが知られるようになった。

地球もそうだが、惑星は太陽のように自分で光るわけではない。このため直接、望遠鏡で見ることは出来ない。「親分」恒星が「子分」惑星にわずかに振り回される動きを観測したり、惑星が恒星の前を横切るときに恒星の明るさがわずかに減ることを観測したり、という間接的な手法でようやく見つかるのが「太陽系外惑星」なのだ。

研究の進歩によって一九九〇年代半ばから「太陽系外惑星」が実在することが確かめられ、見つかった数は年々増えている。とくに二〇一四年になってからは前年の一〇倍も見つかって、いまや一八〇〇個にもなっている。これからもっと増えるだろう。

なぜ「太陽系外惑星」が研究の焦点になっているのだろう。それは私たち人類のような高度の生物が地球だけにたまたま生まれたのだろうかという根元的な疑問に答えるためだ。

かつては地球上の生命は特別な偶然が揃ってはじめて出来たと思われていた。しかし近年では水や温度やある種の元素が揃えばどこにでも生命が生まれると考えられるようになっている。つまり地球は特別な星ではなく、ありふれた惑星のひとつになってしまったのである。

「太陽系外惑星」のなかには条件が揃っていて地球のような生命が生まれて進化してきている星がある可能性が高くなっている。SFの世界ではない。あるいは人類よりも、もっと進化した生物がいても不思議ではない。

だが、現在の学問はまだそこまでは探れない。いまは「太陽系外惑星」のぞれぞれの大きさや水の量が少しずつ分かりかけている段階だ。「スーパーアース」といわれる地球より一〜五倍ほど大きな地球型の惑星もいくつか見つかっている。生命現象の証である酸素があるかどうかはこれからの研究なのだ。

地球の生命の源、海がある惑星も見つかっている。「へびつかい座」にある「GJ1214b」という惑星は海に取り囲まれて、その海の深さはなんと六〇〇キロもあることが分かった。地球の海の深さの平均は四キロしかない。「水の惑星」と言われる地球全体の水の量は〇・〇二三％だが、この惑星の水は一〇％もある。

地震、火山、戦争、飢餓。人類にとって大事件が地球には繰り返し起きる。

だが、何億という星のなかには、これら大事件とは関係のない高等生物が生きている星があるかもしれないのである。

50

# 温暖化調査のカギ握る「棚氷」地震計

二〇一四年一一月に南極最大のロス棚氷《たなごおり》の上に一六台の地震計が臨時に設置された。ロス棚氷の面積はフランスほどある。幅は八〇〇キロ。その氷の厚さも二〇〇メートル以上ある。

棚氷とは南極大陸をとりまいて海に浮いている平らな氷のことだ。一九一一〜一九一二年に南極点初到達を争ったアムンゼンもスコットも、このロス棚氷から上陸した。昭和基地とは反対側の南極にある。

地震計を置いた目的はこの巨大な棚氷が海の波にどのくらい揺すぶられるかを知ることだ。棚氷は揺すぶられることによって壊れる。そして棚氷が壊れると、それまで棚氷に押さえられていたために流れ出さなかった南極大陸の氷河が海に流れ出してしまう。

棚氷は海に浮いている氷だから、融けても海の水が増えるわけではない。コップの水に浮いた氷が融けても水が増えないのと同じだ。その意味では北極海の氷も同じだ。たとえ地球温暖化で北極海の氷が融けても海水が上昇するわけではない。

しかし日本の面積の三三倍もある南極大陸の広大な氷河が融けることは地球全体の海水が増えることを意味する。ツバルやキリバスなど標高が数メートルしかない太平洋やインド洋の島国が水没してしまうことになるのだ。

南極全体はお椀を伏せたような形をしていて、そこに最大では四〇〇〇メートルもの厚さがある氷河が載っている。それが流れ出さないように押さえているのが棚氷なのだ。

つまり南極最大のロス海の棚氷が将来どのように海の波の振動で壊されていくのか、それは南極の気温や季節とどんな関係があるのかを調査することが、地球温暖化による海水面の上昇のカギを握っているのである。

南極のまわりの海は一年中荒れるので有名だ。マゼランが世界一周の航海で、もっともてこずったところでもある。この荒れた海を越えたことがある船乗りは人と話すときに、机の上に足を投げ出したままでいい、というのが世界の船乗りの決まりだというほどだ。

私がポーランド船で越えたときにも船は左右にそれぞれ四〇度以上も揺れ、食事に出てくる船員や科学者もみるみる減っていった。ビューフォート風力階級は最高の10まで行った。そのうえ私が乗った船のスクリューと舵の軸が曲がってしまった。

ロス棚氷での研究計画には米国の二つの大学が参加した。荒れた南極海の波からの振動を棚氷の上で捉えようというこの計画では、氷全体が上下するゆっくりした揺れまで記録できる「広帯域地震計」というものが使われた。

設置されて足かけ三年間の観測を続ける予定だ。これなら季節変化も十分に捉えられる。なお地震計のほかにそれぞれの地点に気圧計も設置される。

この地震計は、ほかの大多数の地震計とちがって地震を記録するのが目的ではない。だが、地震計は高感度の振動測定器でもあるわけだから、地震以外にもいろいろな用途に使われるのである。

51

# 現代科学では解けないナゾ 二〇一五年四月に皆既月食

二〇一五年四月四日、満月の日に皆既月食が見られた。始まりは二〇時五四分、終わりは二一時六分だから夜桜と一緒に見た人も多いだろう。

皆既月食はそれほど珍しいものではない。日本では前回は二〇一四年一〇月八日にあったたし、次回は二〇一八年一月三一日にある。部分月食ならもっと多い。しかしこのときのように桜の季節に皆既月食が見られるのは二八年もあとのことである。

月食は太陽と地球と月がこの順に一直線に並ぶときに起きる。

天体の中を太陽が通っていく道を「黄道《こうどう》」というが、これが月の通り道「白道」と一致したところを太陽と月が通るときに月食や日食が起きる。

四月はこの時期だった。このため、半月前の新月だった三月二〇日には欧州で日食が見られた。欧州北部と北極海では皆既日食になった。

皆既日食は地球よりも四分の一くらいも小さな月の影に地球の一部が入るときに起きる現象

だから、地球の影に月が入る月食よりは、見られるチャンスがずっと少ない。日本でこの前皆既日食が見られたのは二〇〇九年七月二二日だったが、次は二〇三五年九月二日、その次は二〇六三年八月二四日になってしまう。

じつは現代科学では解けていないナゾがある。月よりも四〇〇倍大きな太陽が、地球と月までの距離のぴったり四〇〇倍のところにあることだ。このため、太陽がちょうど全部隠れる皆既日食が起きる。だが、なぜ四〇〇という数値がたまたま一致しているのかは、いまだに説明できないことなのである。

しかし月はしだいに地球から離れていっている。その速さは年に約三センチメートル。いずれは皆既日食はすべて金環食になり、そのうちには太陽を隠すべき月が小さくなって、日食とは言えないくらいまぶしいものになるに違いない。

ところで日食には近代文明の意外な落とし穴があることが分かった。

欧州のほとんどでは部分日食だが、それでも日食が始まると太陽光発電の発電量が急減し、終わると急増する。このため電力供給が不安定になる懸念があったのである。

たとえばドイツでは二〇一四年の電力消費量の一八%が太陽光発電でまかなわれた。もし快晴ならば、日食によって全欧州で発電量がほぼ同時に三四〇〇万キロワット急減すると算定されていた。これは中規模の従来型発電所八〇ヵ所分の発電量にも相当する。

太陽光を発電源とする電力が日食によって一挙に失われるという前例のない試練。このため欧州各国の送電網を運用する電力各社では対応するための危機管理計画が導入されていた。

現在の太陽光発電量は欧州で最後に日食が観測された一九九九年当時の発電量の一〇〇倍にも達している。だから危険はずっと大きくなっている。

はるか昔には日食や月食はなぜ起きるのか分からない恐怖の対象だった。その後原理が分かり、ずっと、たんなる天体ショーになっていた。

だが現代はふたたび恐怖をもたらすものになっているのである。

## 52 北海道でもオーロラ!! 大騒ぎ

「宇宙天気予報」というものがある。太陽から出る磁気と電気を帯びたガスの流れである「フレア」が地球に磁気嵐を起こす。その予報なのである。

一般人には関心がないだろう。だがピリピリしている人たちがいる。

一九八九年には米国やカナダにある発電所の機器に障害が発生して九時間もの大規模な停電になった。二〇〇三年には日本の環境観測衛星が利用不能になって数十億円もの損失を出した。ともに磁気嵐が原因だった。このほか宇宙空間で作業する宇宙飛行士の健康被害が出ることもある。近代文明にとって「宇宙天気」は脅威なのである。

二〇一五年三月中旬にも強い磁気嵐が起きた。

宇宙天気予報は太陽面での爆発を観測して出す。NASA（米国航空宇宙局）や、日本でも情報通信研究機構が出している。天気予報と同じく、当たることも、当たらないこともある。

三月中旬に起きた磁気嵐は予報より約一四～一五時間も早く始まったし、磁気嵐の強度も、当初の予報をはるかに上回る強さになった。つまり予報は当たらなかったのだ。

この強い磁気嵐のため、北海道でオーロラが撮影された。肉眼では見えなかったが、デジカメには赤いオーロラが写っていた。現代のデジカメは肉眼よりも感度がずっと高いのだ。

オーロラは極地方でなければ見えないものだが、太陽活動がとくに盛んで磁気嵐が強いときだけは低緯度でも見えることがある。ただし低緯度では赤いオーロラしか見えない。緯度の高いところで見えるような緑や黄色のあざやかなものは見えない。

過去に日本では一九五八年二月に肉眼でも見える大規模なオーロラが見えたことがある。北海道では夜空が真っ赤になった。てっきり山火事が起きたに違いない、と消防車がサイレンを鳴らしてあちこちの林道を一晩中走り回って山火事を探す騒ぎになった。当時は宇宙天気予報はなかったから、何が起きたのか、消防署員は知らなかった。

もっと前では一七七〇年九月にも大規模なオーロラが日本各地で見えた。肥前国（長崎県・佐賀県）でも見えたという記録が残っている。

そのほか一二〇四年二月にオーロラが日本で広く見られた。鎌倉時代の公家・藤原定家の『明月記』に「北の空から赤気《せっき》が迫ってきた。その中に白い箇所が五個ほどあり、筋も見られる。恐ろしいことだ」とある。

また日本書紀にも「赤気」の記述がある。推古天皇の統治時代だった六二〇年に出たオーロラだと思われている。

「恐ろしい」ものだったオーロラが広く日本人に「怖くないもの」として知られるようになったのは明治時代以降である。

言葉も「赤気」ではなく、「極光」や「オーロラ」が使われるようになった。近年には、わざわざツアーで見に行く観光の対象になってきている。

しかし、オーロラを見て喜ぶ人々の陰で、現代の文明を支える人たちが恐怖におびえているのである。

# 53 頻度高まる隕石の衝突

中国で生まれて日本に入ってきた言葉がある。「杞憂《きゆう》」。中国古代の杞の人が天が落ちてきはしないかと毎日心配して、食事ものどを通らなかったことから出来た言葉だ。心配する必要のないことをあれこれ心配することや、取り越し苦労のことを言う言葉だとされている。

しかし、現代の私たちにとっては笑い話ではすまないことが分かってきた。

二〇〇〇年から二〇一三年の間に二六個の大きな隕石が落ちてきた。この二六個が地球に衝突したときのエネルギーは、TNT火薬にしてどれも一〇〇〇トンから六〇万トンの威力があった。

ちなみに米国が広島に投下した原子爆弾は一万六〇〇〇トン相当だったから、どれも相当な威力だった。もし都市を直撃したら大変なことになる大きさである。

火薬一〇〇〇トン相当以上のものが一四年間に二六回。広島規模以上の隕石の爆発だけでも、平均すると年一回以上も起きているのだ。

しかし幸いにして、いままで人が密集しているところに落ちたことはない。これは偶然の幸運のおかげだった。地球の表面の三分の二は海であるうえ、陸地の多くの部分も人はほとんど住んでいないところだから、密集地に落ちる確率はそもそも低いのだ。

しかし、今後はわからない。この幸運がいつまで続くのか、そのうちにどこかの都市に隕石が落ちて悲劇的な大惨事になってしまうのかは神のみぞ知ることなのである。

最近の調査では、巨大な隕石が地球に衝突する頻度は、これまで考えられていたよりもずっと高いということが分かってきている。

最近では二〇一三年二月にロシア西南部の町チェリャビンスクに大きな隕石が落ちた。

この隕石は五〇万トン分、つまり広島に落とされた原爆の三〇倍ものエネルギーを放出した。衝撃波で東京都の面積の七倍もの範囲で四〇〇〇棟以上の建物が壊れ、一五〇〇人もが重軽傷を負った。

その前二〇〇八年一〇月にはアフリカ・スーダンの無人のヌビア砂漠上空にも大きな隕石が落ちてきた。落ちてきたものは直径約四メートル、重さ約五九トンの小惑星だった。幸いこのときはこの小惑星のほとんどは地上に落ちる前に成層圏で爆発して燃え尽き、ごく一部が隕石として地上に落ちてきた。一四〇〇〇キロメートルも離れたところを飛んでいたジェット機の乗員が激しい閃光を目撃している。

科学者は手をこまぬいているわけではない。このスーダンに落ちた隕石は、大気圏と衝突する二〇時間前に発見され、史上初の「衝突前に発見された天体」になった。

だが、チェリャビンスクに衝突した隕石は事前に発見できなかった。

これからも大きな隕石は地球に落ち続けるに違いない。だがチェリャビンスクの例のように、かならず事前に分かるわけではない。

もっとも、事前に分かったとしても落下場所が正確に分かるわけではない。対処のしようもないのだが……。

# 54 石から分かる歴史とナゾ

地球科学者は現場で採取してきた石から、その場所の過去の成り立ちを研究する。こうして地球の過去が少しずつ解明されてきた。

しかし、拾ってきた石の中には、どう見ても解釈に困るものがあった。たとえば北太平洋で深海底から取ってきた石は、そこにある海底火山の近くにはあるはずがないものだった。

この不思議な石の解明は結局、できなかった。いまの唯一の解釈は、クジラのような海中生物がほかの場所で呑み込んできて、ここで死んだのではないかということなのである。

また南洋のサンゴ礁の海岸から学者が取ってきた石も明らかに大陸性のものだった。そこにあるのはふさわしくない石だったのだ。

この「理由」は後年、わかった。戦時中に日本軍が港を作るために、日本本土から運んだ大量の岩石のひとつだったのである。

港を作るためだけではない。近年には静岡県の駿河湾にある富士海岸の海岸浸食の対策として三重県鳥羽市の沖にある菅島《すがしま》にあったかんらん岩を「養浜材料」として大量に海に投入した。駿河湾の沿岸は、台風がよく襲ってくるところで、何度も台風の被害に遭った。なかでも一九六六年の台風二六号では、甚大な被害をこうむった。富士海岸は、そもそも高波が異常に発達する地形で、そのための被害が多いだけではなく、砂がなくなって海岸侵食も進んでいた。

菅島から持ってきたのは比較的近くで船で低コストで運べるからだろう。

だが、これによって学問は手こずることになった。富士川上流や周辺の海岸から自然に流されてきた岩と区別が出来なくなってしまったからである。

沖縄・宜野湾市の米軍普天間飛行場の名護市辺野古への移設が問題になっている。滑走路を新たに作るために一七二ヘクタールの海を埋め立てる工事が始まろうとしている。

辺野古の埋め立てに使う岩石の約八割を九州や本州から岩石を運ぶことになっている。その量は二一〇〇万立米、東京ドーム一七個分という大量のものだ。

沿岸の埋め立て工事には土砂や岩石を近隣から調達するのが普通だ。しかし南洋の島や沖縄のように狭い島での調達が難しいときには遠くから運ぶことがある。

しかも沖縄の場合には、環境問題などで地元との摩擦を避けたい当局の思惑があったといわれている。また当局が直接採取すると環境アセスメントが必要だが、九州など沖縄以外の業者から購入すると環境アセスメントが不必要になることも理由だったろう。

運ばれて海に沈められる岩石にもちろん印が着いているわけではない。かくて、将来の地球科学者を惑わせたり、学問的な結果を狂わせてしまう石が、今後、沖縄にも大量に運ばれることになるのである。

# 55 爆発的マグマ噴火が運んだダイヤモンド

ダイヤモンドは簡単に燃えてしまって灰になるのを知っているだろうか。

ダイヤは元素から言えば炭素だけのものだ。つまり、そのへんの炭と変わらない。しかし炭とは違って結晶構造がとても緻密だ。この結晶構造は地球内部の六万気圧という高圧と二〇〇〇℃という高温のもとでしかできなかったものだ。

地球深部でできたダイヤが地表にどうやって運ばれたかはずっとナゾだった。もしゆっくり上がってくるのなら、その途中で燃えてしまって、ただの灰になってしまうはずだからである。

計算によれば、少なくとも秒速一〜四メートルという速度で上がってきたときだけ、ダイヤは燃えないで地表に達したことになる。つまり、ダイヤを取り込んだマグマが数十キロメートルもある厚い地殻を高速で通りぬけたときにだけ、ダイヤが無事に上がって来ることができた。

この急速な上昇のメカニズムが正確に分かったのはごく最近のことだ。

これは爆発的なマグマ噴火の一種だ。だが、日本にも過去に何度もあったマグマ噴火はダイヤを持ってきてはくれなかった。持ってきてくれたのは世界でも限られた場所だけである。それはダイヤが作られる場所が限られていたことと、この特殊な噴火が起きたのが数億年前の一時期だけと、ごく限られていたことが理由である。具体的には数億年以前にあった造山運動によってダイヤが作られ、数億年前に起きた噴火で地表に運ばれた。このためダイヤの分布は大陸奥地の古い地質条件が保たれている地域に限られる。

世界にはこのようにダイヤが含まれるマグマが上がってきて冷えて固化したところが何ヵ所かある。南アフリカ、ロシア、アンゴラ、米国などである。

この固化したマグマは垂直に近いパイプ状の形になった。ダイヤを探す「鉱業」が行われたところは、直径も深さも数百メートルから一キロを超えるほどの巨大な漏斗状の穴が開いている。人類の欲望の夢の跡である。

ダイヤはこの固化したマグマにごく少量しか含まれていない。二トンの岩のなかに一カラット、つまり〇・二グラムしか入っていないのが普通だ。このため、いかにダイヤとはいえ、取れる量があまりに少ないと経済的に引き合わなくなって鉱業としては放棄されてしまったところもある。

米国南部アーカンソー州にあるダイヤモンド・クレーター州立公園も鉱業がなり立たなかっ

たひとつだ。

しかし、まだ見つかることもある。二〇一五年四月に同州に住む来園者が三・七カラットのダイヤを発見した。

この公園は一九〇六年に土地を所有していた農夫が初めてダイヤを発見したところだ。一九七二年に州立公園となり、一五万平方メートルを超える採掘場が来園者に公開されている。これまでに七万五〇〇〇個以上のダイヤが採掘されている。園内で見つかったダイヤは、二〇一五年に入って一二二個目になった。

あなたも探しに行ってみますか?

## 56
# 二〇一五年七月一日
# 三年ぶり「うるう秒」生む地球の深部

地球の自転の速さは、じつは一定ではない。

近年、複雑な自転の「揺らぎ」があることがわかった。原子時計が導入されてからのことだ。一九七二年から原子時計を暦に採用した。つまり年や日の長さを、それまでの太陽の観測から決めていたやりかたをやめて、原子時計を使って定義することにしたのだ。ちなみに精度が高い原子時計は一〇〇億年に一秒の精度を誇る。

一般には、地球の自転はゆっくりと遅くなっていっているのだが、この「揺らぎ」のせいで、ときには一時的には速くなることもあった。

原子時計を基準にして地球の動きや暦を固定したために、実際の地球の自転の変化があれば、それに合わせて地球上の時計を調整しなければならなくなった。

「うるう秒」というのを知っているだろうか。原子時計で動いている地球上の時間と、地球の実際の動きがしだいにずれていく、そのずれを補正するために、ときどき、世界中の時刻を一斉に一秒ずらすことである。

ずれが一秒を超えないように、たとえばずれが〇・八秒になったときに行われるものだ。うるう秒は七月一日や一月一日に行われる。

このうるう秒は、二〇一五年七月一日、日本標準時で午前八時五九分五九秒と九時〇〇分〇〇秒の間に「五九分六〇秒」が挿入された。

このうるう秒に世界の金融市場が警戒を強めていた。わずか一秒だが、いつもと違う時計の進み方に対応できずに大規模なシステムトラブルが発生すれば、市場が大混乱におちいる恐れがあったからだ。

米国では東部時間で六月三〇日午後八時直前に挿入された。このためニューヨーク証券取引所とナスダック市場では、通常は午後八時までの時間外取引を三〇分切り上げて終えた。

前回のうるう秒は二〇一二年七月一日（日本標準時）だった。だが、このときは日曜日で金融市場は休みだった。今回は米国市場では時間外取引中、アジア市場では取引開始の時間帯だった。電子取引が一秒以下の精度で行われるようになってから初めて、平日にうるう秒が挿入されることになったのだ。

一九七二年以来一九九九年までの二七年間のうるう秒は二二回あった。

だがその後、傾向が変わった。一九九九年以後七年間もうるう秒を入れる必要がなかったのだ。

その後は二〇〇六年、二〇〇九年、二〇一二年と今回の二〇一五年と、地球の自転はうるう秒を入れなければならないくらい遅くなった。一時の「不思議な状態」からは回復したように見える。

ところで「自転の揺らぎ」の理由はわかっていないのだ。

東日本大震災（二〇一一年）は自転を一〇〇万分の一・六秒だけ遅くした。しかしこういった大地震での変化は自転の揺らぎよりずっと小さい。

観測にもかからず、それゆえ人類が知らない巨大でゆっくり動く地震が地球の深部で起きていて、その影響ではないかという学説がある。

地球深部には月の倍ほどある大きさの溶けた鉄の球がある。その近くでなにか不思議なことが起きているのに違いない。

## 57 地球と酷似する金星にも火山活動

このところ日本の火山が騒がしい。しかし火山の噴火は地球だけに起きる事件ではない。最近、金星で火山活動が発見された。

金星はいちばん明るく見える星で、明け方と夕方だけ見える。「明けの明星」と「宵の明星」だ。

二〇一五年になって、金星の上空を飛ぶ宇宙探査機が金星の地表を溶岩流が流れているのを発見した。この探査機はヴィーナス・エクスプレスという欧州宇宙機関（ＥＳＡ）のものだ。

解析では地表よりも数百℃以上熱い高温の物質が、それぞれが一平方キロメートル～二〇〇平方キロメートル以上のものとして点在することがわかった。金星の表面で火山活動がいま起きているのにちがいないことが分かったのだ。

金星は地球よりもはるかに多くの二酸化炭素があるせいで「地球温暖化」の終着点とも言われている。表面温度は五〇〇℃にも達する。このため海の水も蒸発してしまった。いつも厚い雲に覆われていて外から地表の様子は見えない。

いままで金星着陸を目指した惑星探査機は多いが、この高温のためにほとんどのものが燃え尽きてしまった。かつて旧ソ連の探査機が一九八二年に着陸して地表の画像を一枚だけ送ってきたのが唯一の成功例だ。その後これも燃えてしまった。

米国はパイオニア・ヴィーナス二号を打ち上げたが、高温に耐えきれず本体と四機の子機のうち本体は地表到達前に、子機三機は到達と同時に、残り一機も着陸わずか六八分後に通信途絶してしまった。

金星も地球も、そして太陽系全部は約四六億年前に同時にできた。

金星は地球よりも約三〇％太陽に近いところを回っている。地球の大きさよりも五％小さいだけの「兄弟」である。

地球が作られてから現在までの三分の一ほどのときに「マグマ・オーシャン」といわれる、溶けたマグマで表面がすべて覆われた時代があった。海や大陸ができたのはその後である。

金星でも途中までは地球と同じ過程をたどった。しかしこの数百万年は火山活動がなくなっていたと思われていた。だが今回の発見で火山活動があることが分かったのだ。

溶岩流が発見されたのは「ガニキ谷」という不思議な名前の地溝帯だった。新しい地殻があるところだ。地球でもアフリカの東部など地溝帯からは溶岩が出てきている。

太陽系で地球のほかに火山活動があることが分かっていたのは木星の衛星のひとつである「イオ」だけだった。これで火山活動をしている「仲間」が増えたことになる。

ちなみにイオの大きさは地球の約四分の一、月ほどの大きさだ。数多くの火山が噴火を続けていて、さしわたし二五キロメートル以上の大きなカルデラが一〇〇個以上も見つかっている。

金星の自転の速さはきわめて遅い。一方、太陽の周りをまわる公転は地球よりも速い。つまり「一日」のほうが「一年」よりも長いのだ。

また金星は地球など他の太陽系の惑星とは反対の方向に自転している。太陽は西から昇る。

地球から見ると奇妙な「兄弟」なのである。

58

# 数千キロの旅の末、発見されたマレーシア機

二〇一四年三月から行方不明になっていたマレーシア航空三七〇便の残骸がインド洋にあるレユニオン島の海岸に流れ着いた。

レユニオン島を知っていた日本人はほとんどいないだろう。だが、私たち地球物理学者には有名なところなのだ。

レユニオン島はインド洋の西の端に近いところ、マダガスカル島のすぐ東にある。地球物理学者に有名な理由は、ここの地下深くからプリュームという熱いマントル物質が上がってきているからだ。「源泉」は二〇〇〇キロメートルも深いところにある。

プリュームが上がってきているところはハワイなどほかの場所でも知られているが、ここは特別に規模が大きい。

約六六〇〇万年前、インド亜大陸が昔あった大きな南極大陸から分れて北上した。そのインド亜大陸がレユニオンの上を通過したときに、下にあるプリュームから溶けた玄武岩が大量に

噴き出た。

いまインド中部に広く拡がっているデカン高原は面積が日本全土の約一・五倍、五〇万平方キロもある。これはプリュームが出てきて作った巨大な溶岩台地なのである。地表が大規模に割れて途方もない量の溶岩が地表に噴き出てきたものだ。

いまでもレユニオン島のプリュームは活動を続けていて、世界有数の火山が噴火を続けている。この火山はユネスコの世界遺産でもある。

インドが南極大陸から分れたときに、同じようにアフリカもオーストラリアも分れた。こうしてインド洋が出来た。

話はがらりと変わる。「ゴルゴ13」が数百メートルも先のものを狙うときに、ゴルゴ13の漫画には書いていないことがある。それは北半球では撃った弾はかならず右にそれるので、それを補正しないと命中しないことだ。南半球では、逆に左にずれる。これは地球が自転しているせいで、弾が空中を飛んでいる間に地球が回ってしまうから着弾点がずれるのだ。

これを地球物理学では「コリオリの力」が働いたという。コリオリとは、一九世紀にこの力を発見したフランス人科学者ガスパール＝ギュスターヴ・コリオリの名前から来ている。

この力は地球に吹く貿易風や偏西風にも作用する。そして、海上を風が吹くことによって海

東日本大震災で流されて太平洋を越えて米国西岸に流れ着いた岩手県の小舟
（米国から返されて国立博物館で展示していたもの）＝島村英紀撮影

水が引きずられて海流が生まれる。

かくて、太平洋やインド洋などには、大洋全体をめぐる大規模な海流が出来る。北半球の太平洋では時計回り、南半球にあるインド洋では反時計回りになる。

レユニオン島で見つかったマレーシア航空機の残骸も、こうしてインド洋のどこかから海流に乗った数千キロメートルの旅をして流れ着いたものにちがいない。

インド洋にかぎらず「太平洋ゴミベルト」という言葉があるように、太平洋でも大量の残骸やゴミが海流と風に乗って広い大洋を循環している。東日本大震災で流れ出した小型船やバレーボールが北米大陸の西岸に流れ着いたのも同じだ。

世界の海には、人知れず流れているものが、まだたくさんあるのだ。

# 59 巨大氷河が地震を引き起こした？

カナダ北部にあるハドソン湾の沿岸には昔からイヌイット（エスキモー）の人たちが住んでいる。その古老たちは湾の中に新しい島が次々に生まれてきたのを語り継いでいる。これは、かつてあった氷河が消えて重しが取れたために地殻全体がゆっくり上がってきたためだ。

氷河時代に世界の多くの場所を覆っていた氷河は厚さ数千メートル。その氷河が消えて一万年だが、「後遺症」として地震が起きているという学説が出た。現在のプレート境界ではないところ、つまりプレート・テクトニクスでは大地震が起きるはずのないところで大地震が起きた理由の説明である。しかも氷河がなかったところにも影響がおよんでいる。

近年は地震がまったく起きていない米国東南部で一八一一年から一八一二年にかけてマグニチュード8の巨大な地震が複数回起きた「ニューマドリッド地震」。米国ではアラスカ州を除いては史上最大の規模の地震だった。幸い当時は人がほとんど住んでいなかった。

この地震群が北米大陸の氷河の融解による影響がおよんで起きたのではないかという学説が

最近出されたのだ。

この巨大な氷河はローレンタイド氷床《ひょうしょう》。「氷床」とは面積で五万平方キロメートル、東京二三区の面積の八〇倍以上の大規模な氷河のことだ。この氷床はカナダはもちろん、北緯三八度まで、つまりいまの米国の北半分を覆っていてニューヨークやシカゴもこの氷の下にあった。

地震群が起きたのは、氷床より南にある米国の中南部だ。氷河の重しが取れたことによって氷河の周辺の地殻も歪み、それが地震を引き起こしたのでは、ということなのだ。なにせ地球のスケールの事件だから、氷河が消えて数千年たってから地震が起きても不思議ではない。

氷河が消えたために大きな地殻変動があったのは北米大陸だけではない。スカンジナビア半島でも一万年前に氷河の重しがとれたので、最大では三〇〇メートル、全体で二〇〇メートル以上も飛び上がった。いまでも年に一センチメートルずつ上がっている。

ノルウェーは氷河が消えていくにつれて人々が北上して住み着いていった。寒さに対する備えがなかった当時の人類にとっては、氷河が溶ける暖かさはまたとないありがたい環境の変化であった。

それ以前には人類の祖先もほかの生物もたびたび地球の寒冷化に苦しんできた。生物の歴史とは、広く氷河に覆われることや気候の寒冷化によって多くの種が絶滅し、その後の温暖期に新しい種が別の命をはぐくんできた歴史の繰り返しだった。

　そのノルウェーでは地震観測データが残っている一八世紀以降、一七五九年から一九九六年まで五回、マグニチュード4～6の地震が起きた。人口密集地の直下で起きたらかなりの被害を生じかねない地震だ。これらも氷河が消えたための地殻変動が起こした地震だと思われている。

　これからも世界のほかの場所で同じような意外な地震が起きるかもしれない。地震学者は新たに提唱された「地震の理由」に頭をかかえているのである。

# 60 月の誕生をめぐる、惑星の大衝突

木星に行って空を見上げると「月」が六七もあるはずだ。

地球には、もちろん月はひとつしかない。だが、別の月を探す研究も行われている。大きなものならいままでに見つかっているはずだから、いま探しているのは肉眼では見えない「月」である。

最近の研究から、月のように地球を周回している「第二の月」が見つかった。直径は約三メートル。二〇〇六年に発見されたが、その後一年あまり地球の周りをまわってから、なにが気に入らなかったのか、はるか宇宙に去っていってしまった。短い期間だけの「第二の月」だったことになる。その後は見つかっていない。

五〇年に一度くらいはダンプカーくらい大きな「第二の月」が出現する可能性があることも分かった。洗濯機程度の大きさの「第二の月」は望遠鏡の性能がよくなれば、もっと発見できるのでは、と思われている。

宇宙を飛び回っている小惑星や微惑星が、飛んできた角度がちょうど地球の引力につかまる角度だと「第二の月」になる。

もしもっと角度が急だったら、流れ星になって地球の大気圏に突入して燃え尽きたり、一部が隕石になって地球に落ちてしまうのである。

じつは月そのものも、どうして「月」になったのか、まだ完全に決着はついていない。

この「第二の月」と同じように別の場所でできた天体が地球に接近して捉えられたとする「捕獲説」もあり、そもそも地球と一緒に作られた「兄弟説」もあった。太陽系全体はいまから四六億年ほど前、同時期に作られたことが分かっているので、兄弟説ももっともらしかった。また原始地球は高速で回転していてその一部がちぎれて月になったとする「親子説」もあった。

しかし最近では「ジャイアントインパクト説」がいちばん有力になっている。火星くらいの大きな原始惑星が地球に大衝突して、飛び散った破片の一部が地球をまわりながら月を形成したとする説だ。

それ以外の説は、月から採ってきた岩石の分析など最近の研究から根拠が怪しくなってしまった。たとえばアポロ計画で月に置かれた地震計のデータから月の核の大きさが分かり、「兄弟説」では説明できないくらい核が小さいことが分かった。

「捕獲説」は可能性がなくはないが、飛び込んでくる角度がちょうど地球の引力につかまる、ごく微妙なときだけなので可能性が低い。

もし「ジャイアントインパクト」が本当なら、すさまじい大衝突が起きていたことになる。もう一度「ジャイアントインパクト」が起きたらどうなるだろう。

二〇一五年八月、米航空宇宙局（ＮＡＳＡ）が声明を発表して「巨大な小惑星が来月にも地球に激突し、米大陸の大部分が壊滅する」という噂をうち消した。この噂がネットやＢ級ニュースサイトで拡散していたからだ。こんな大きな天体が近づいているのならＮＡＳＡが観測しているはずだというのが根拠である。

目で見えるほどの、もうひとつの月ができることは当分、なさそうである。

# おわりに

ふだん私たちが忘れていることだが、地球は直径一万二〇〇〇キロメートルあまりある、宇宙に浮いている球だ。表面こそプレートという地球ではいちばん固い岩に覆われているが、中は柔らかい。

たとえば地球が自転しているために、遠心力で赤道付近が直径の約三〇〇分の一ほど出っ張ってしまっているが、この出っ張りの量は、地球全体としては固体ではなくて流体に近いことを示している。

生まれたのは約四六億年前で、今日に至るまで、一度として同じ姿になったことはない。一時は「マグマ・オーシャン」といわれる、地球の表面全体が溶けた溶岩で覆われた高温の時代も、「スノーボールアース」といわれる、地球全体が氷に覆われた低温の時代もあった。また、同じときに生まれた兄弟の惑星である金星や火星などといまの地球がまったく違った姿になっているのは、惑星としての大きさによる「冷え具合」や太陽からの距離による熱の受取りの量の違いによるものだ。

地球の内部はまだ高温で、月よりも大きな溶けた鉄の球を内部に抱えている。つまり地球はまだ生きて、動いているのである。生きているこの「息吹」が地震や火山噴火なのである。

一方、地球を調べる学問は、それなりに進歩しているとはいえ、まだまだ、分からないことが多い。たとえば人間が掘った最深の穴は一三キロメートル。これは地球の半径の五〇〇分の一、つまりサッカーのボールの縫い目よりも浅い。つまり地球の内部を研究することは人類が到達したことも見たこともないところを、いろいろな手段で研究することである。

この本では地球やそこで起きている地震や火山について、いままで分かってきている事実のほか、研究の最前線の話題も集めた。科学は、いまだに分からないことへの挑戦でもある。本を読んでくださって科学のロマンの一端でも感じてもらえることが著者の本望でもある。


なお、この本は新聞『夕刊フジ』に二〇一三年五月から毎週連載している「警戒せよ！ 生死を分ける地震の基礎知識」の二〇一四年七月二五日号〜二〇一五年九月一八日号までの約六〇話から約六〇編に加筆したものだ。

その前の約六〇話は、同じようにまとめて『油断大敵！ 生死を分ける地震の基礎知識60』

（花伝社）として二〇一四年に刊行した。

本として出版するにあたって、花伝社の平田勝社長から強いお薦めがあり、また同社の水野宏信さんには、多くの編集の作業の労をとっていただいた。感謝したい。

島村英紀（しまむら・ひでき）
1941 年東京生まれ。東京大学理学部卒。同大学院修了。理学博士。東大助手、北海道大学助教授、北大教授、ＣＣＳＳ（人工地震の国際学会）会長、北大海底地震観測施設長、北大浦河地震観測所長、北大えりも地殻変動観測所長、北大地震火山研究観測センター長、国立極地研究所長を経て、武蔵野学院大学特任教授。ポーランド科学アカデミー外国人会員（終身）。
自ら開発した海底地震計の観測での航海は、地球ほぼ 12 周分になる。趣味は 1930 ―1950 年代のカメラ、アフリカの民俗仮面の収集、中古車の修理、テニスなど。メールアドレスは shimamura@hot.dog.cx。ホームページは「島村英紀」で検索。

**地震と火山の基礎知識——生死を分ける60話**

2015年11月25日　初版第１刷発行

著者 ——島村英紀
発行者 —平田　勝
発行 ——花伝社
発売 ——共栄書房
〒101-0065　東京都千代田区西神田2-5-11出版輸送ビル2F
電話　03-3263-3813
FAX　03-3239-8272
E-mail　kadensha@muf.biglobe.ne.jp
URL　http://kadensha.net
振替 ——00140-6-59661
装幀 ——黒瀬章夫（ナカグログラフ）
印刷・製本—中央精版印刷株式会社

©2015　島村英紀
本書の内容の一部あるいは全部を無断で複写複製（コピー）することは法律で認められた場合を除き、著作者および出版社の権利の侵害となりますので、その場合にはあらかじめ小社あて許諾を求めてください
ISBN978-4-7634-0761-0 C0036

# 油断大敵！ 生死を分ける地震の基礎知識 60

島村英紀　著

定価（本体 1200 円＋税）

なぜ大地震が起きないとされた場所に巨大地震が起きているのか
・地震調査を避けるように起きる地震
・正体不明の「ゆっくり起き続ける」地震
・カタツムリのように地中を十年単位で進む地震
少し怖い、でも面白い！
地震＆地球の話とっておき 60 話！

# 直下型地震——どう備えるか

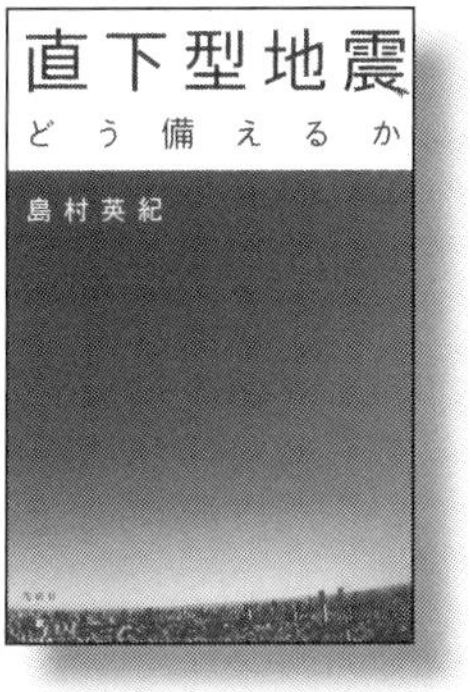


島村英紀　著

定価（本体 1500 円＋税）

直下型地震について
いま分かっていることを全部話そう
・海溝型地震と直下型地震
・直下型地震は予知など全くお手上げ
・地震は自然現象、震災は社会現象
大きな震災を防ぐ知恵、地震国・日本を生きる基礎知識

巨大地震はなぜ起きる
——これだけは知っておこう

島村英紀　著

定価（本体 1700 円＋税）

日本を襲う巨大地震の謎
地震はなぜ起きるのか
震源で何が起きているのか
・日本を襲う内陸直下型と海溝型地震
・地震と原発
・緊急地震速報と津波警報は問題だらけ
・地震の予知など出来ない
知って役立つ地震の基礎知識